アティヤ

【科学・数学論集】

数学とは何か

マイケル・F・アティヤ
[著]

志賀浩二
[編訳]

What is Mathematics?
Selected Essays of Michael Atiyah

朝倉書店

What Is Mathematics? : Selected Essays of Michael Atiyah
by Michael Atiyah
edited and translated by Koji Shiga

Copyright © 2010 Michael Atiyah

The Japanese translation rights are granted by Sir Michael Francis Atiyah.

日本の読者への序

　数学は，文明の中にあって，もっとも偉大な文化的成果を達成しているものです．数学は私たちの科学技術をしっかりと下支えしており，また教育体系の中でも基本的な役目を担っています．しかしごくふつうの人たちは，数学に対しては，わからないものだという固定観念に捉われており，十分理解してもらえるようなことは少ないのが現実です．

　ひとりの研究者として私が専門としている数学と，私もその一員として加わっている社会との間に横たわっている断層を，私はつねに味わい続けてきました．何年間にもわたって，いろいろなフォーラムで，この問題について講演してきました．講演の聴衆は，この分野についてよく知っている科学者たちから，数学は学校を去ったその日からおさらばしてしまった一般の人たちまで，実に多彩でした．私は聴衆のレベルに応じて，私の話の内容や論述を整えていかなくてはなりませんでした．

　この日本語への翻訳の中に収められているエッセイでは，数学と，その社会との触れ合いについての多くの問題が論じられています．いくつかのものは哲学的内容であって，数学の本性とその役割について述べられており，また数学が活動の世界と観念の世界の間に占めている場所についても考察されています．私は，数学を科学と芸術の両方に属する，私たちの文化の中心におきたいと思っています．この点についていえば，数学は建築学に似通っているともいえます．実際そこでは，技術とその構成に関わるさまざまな難しい問題も，建築家たちの美的見地と結びつくものでなければなりません．

　ほかの方に目を向けるならば，私は，数学が教育において，あるいは技術，

経済のような実際的な分野において，社会に果たしてきた役割も強調してきました．数学のもつこの役割が，数学が公の機関からも，また民間の組織からも支持されているおもな理由となっています．

しかし数学は，数千年前までに溯る歴史と，遠い将来に向けて引き継がれていく変わることのない一貫性を通して，時間の大きなスケールの中に取りこまれています．数学の究極の応用がどのようなものかはなお未知のままであり，たとえそれが何十年，何世紀にわたって現われることはないとしても，数学の研究は支持されるべきであると，私は強く論じてきました．

ある論説では，私は数学の内部に目を向け，現在の進歩を解析し，その枠組みの中に私自身の通ってきた道をおいてみました．私がはたらいてきた分野と，私と一緒にはたらいた多くの共同研究者たちのことについても述べました．新しい研究をはじめるにあたっては，しばしばほかの数学者たちと共同で仕事を進めていくことがあります．しかしすべての新しい研究は本質的にはひとりひとりの創造によるものなのです．共同研究の中でむしろそれははっきりとした形をとって現われてきており，それが大切なことになっています．友情と創造性は，互いに競合し合うようなものではありません．私個人の経験からいえば，それはいつも仲良く手をとり合っていくものです．

私はすでに人生の大半を過ごし，いまはアカデミックな生活の中で，年長者としての場所を占めるようになってきました．そして私はここにきて，単にひとりの数学者としてではなく，一般に科学に対するスポークスマンとしてはたらく場所を見つけてきました．そこでは，科学から提起された，広い視野に立つ倫理的な問題に，私の関心が向けられるようになってきています．そしてこのことは，私のエッセイの中のいくつかに反映されています．

本書に対して許諾を与えてくれた出版社に感謝します．数学は，すべての文化と言語の上を，大きく蔽うように広がっており，そして現在日本人が示している風景の中で，それは花開く場所となっています．私は，私の考えを，数学に興味をもつ日本の人たちと分かち合えることを大変幸せに思っています．

　　エジンバラ，　　2010 年 8 月

マイケル・アティヤ

訳　者　序

　マイケル・アティヤ（Sir Michael Francis Atiyah, 1929- ）は，20世紀後半の数学を大きく揺り動かし，数学に深く新しい道を切り拓いた大数学者です．本書は，アティヤの数学者としての高い視点に立ったいくつかの講演，論説を集め，さらにインタビューも加えて一冊の本としたものです．アティヤの数学は，1990年以降になると，場の量子論のもっとも深遠な場所へと入りこんでいくようになりました．アティヤの提示している数学が，これから21世紀の数学をどのように変えていくのか，そしてそこに何が待っているのか，それは誰も予測できないことでしょう．

　まず20世紀における数学をかんたんにふり返っておきましょう．20世紀数学における最初の大きな衝撃は，カントルによる無限認識を通しての，数学におけるさまざまな概念のはたらきと，そこから自然に湧き上がってきた抽象化の波でした．その中から抽象代数とよばれるものや，位相という広がりや，関数空間のようなものが登場してきました．さらにそこで起きたもっとも劇的な出来事は，量子力学が無限概念に支えられた抽象空間——ヒルベルト空間——の上で，その理論構成を展開していくようになったことです．

　20世紀前半に生まれた新しい数学分野への研究は急速に進みましたが，それとともに概念のもつ深みもしだいに明らかとなり，そこには数学の方法が入りこむことが非常に難しい局面も現われてきました．それは次元に関してもっとも顕著に現われます．たとえば微分トポロジーでは，5次元以上は比較的扱いやすい局面をもちますが，3次元，4次元にはなお解明されないことが多く残されています．代数幾何では複素3次元以上は近づき難いものになっていま

す．個々の次元の球面のホモトピー群にも規則性は現われません．数学は，それぞれの次元のもつ特性を明らかにしようと試みますが，各次元のもつ個性はそれを頑なに阻んでいるように見えます．

20 世紀も後半を迎える頃になると，さまざまな抽象数学の枠組みもはっきりしてきて，相互の関係には複雑さも増してきましたが，そこにはまた新しい局面も生まれてきました．それは有限次元の中で得られた量の中には，次元を大きくしていくとある安定性を示すものがあるということです．また位相的な量と解析的な量との結びつきが，数学の深層ともいえるところにはたらきかけている状況も，しだいに明らかになってきました．1960 年代のアティヤ－シンガーの指数定理が，その方向へ向けて最初に光を投げかけることになりました．これを契機として，現在の理論物理学におけるもっとも深遠なテーマである場の量子論へ向かって数学が動きはじめ，その動きは 1990 年代に急速に深まり，ここでは無限は単なる概念ではなく，数学と物理の出会う深層へ向けての総合的なはたらきを支える場となってきたようです．

アティヤは，つねにこの動きの中心にあって，指導的な役割を果たしてきました．この理論は，私にはあまりにも深遠で，理解することなどできないのですが，それでも数学は，これから出会ったこともないような未知の世界の奥へ向かって，一体，どのような道を選んで進んでいくのだろうかと見守っていきたいと思っています．

しかしアティヤのもうひとつの偉大さは，たぶんどんなときにも自らの数学の外に立って，より広く数学や，数学をめぐる状況へと視線を向けていたことにあったのではないかと思われます．そしてそのことが，アティヤのまわりには，つねに一流の数学者たちが集まってくる環境を育て上げていったに違いありません．私はアティヤ全集 "*Collected Works of Michael Atiyah*" 第 1 巻後半にあるいくつかの論説や，"*The Founders of Index Theory*" に載せられているアティヤに関係する部分を読んで，そのことを改めて強く感じました．

アティヤの透徹した眼は，数学を包む大きな社会の広がりの方にも向けられています．現在，私たちを取り巻く世界は，情報社会とも，科学技術の社会ともいわれ，私たちはその広がりと影響の中にありますが，そこには哲学的視点に立って世界を見るような場所は見失われてしまったように見えます．アティ

ヤのここに訳出した論説を読んでみると，アティヤは，数学という確かな場所に立って，単に数学や科学に向けてではなく，広く現代社会に向けての，新しい哲学のあり方を示しているようにも見えます．古代ギリシア以来，数学は哲学と深い関わりをもってきました．アティヤは，いまふたたびその場所に立っているようにも見えます．本書の中で展開されているアティヤの思想は，単に数学だけではなく，現代が抱えているさまざまな問題に向けられています．そこにアティヤの，学問と社会に対する深い良心を感じます．

　本書は，3 部に分かれています．第 1 部は，科学に向けての論説です．ここでは科学と数学との関わり合いが主題となっています．第 2 部では，さまざまな分野で急速に展開している数学について，それにいかに近づき学んでいくべきか，その中で，一方では数学と向き合い，他方ではこれから数学を育てていく数学者のあり方が示されています．第 3 部では，20 世紀数学がさまざまな分野で展開してきた姿と，それが今後の発展の中で意味するものが主題となっています．ここでは「20 世紀における数学」と題された講演と，アティヤへのインタビューと，アティヤ自身によって書かれた「個人的な歴史」が含まれています．なお，「20 世紀における数学」と「個人的な歴史」では，20 世紀後半の数学の広がりと深みについても論じられています．そのためこの 2 つはかなり専門的な内容になっています．

　本書の出版にあたって，アティヤ氏からとくに本書に寄せての序文を頂き，写真も送って頂きました．アティヤ氏の日本の読者への想いが，本書を手にする方々に十分届くことを望んでいます．改めてここでアティヤ氏に感謝の言葉を述べさせて頂きます．

　2010 年 9 月

志 賀 浩 二

出　　典

本書の出版にあたり，原著者マイケル・アティヤの許諾とともに，各章の原文が掲載された雑誌・書籍の出版者（社）から許諾を得て転載・翻訳を行った．下記に各章の出典，および出典の出版者（社）を明記する．

知性・物・数学　"Mind, Matter and Mathematics"
Presidential Address by Sir Michael Atiyah OM FRS Hon FRSE, 2 October 2008
in *The Royal Society of Edinburgh Review 2009*, pp. 79-89,
with kind permission from The Royal Society of Edinburgh.

数学——科学の女王と召使い　"Mathematics: Queen and Servant of the Sciences"
in *Proceedings of the American Philosophical Society*, vol. 137, no. 4, 1993, pp. 527-531,
with kind permission from The American Philosophical Society.

科学の良心　"The Conscience of Science"
in *The Founders of Index Theory*, Second Edition, 2009, pp. 59-73,
with kind permission from International Press.

数学とコンピュータ革命　"Mathematics and the Computer Revolution"
in *The Influence of Computers and Informatics on Mathematics and its Teaching*, 1986, pp. 43-51,
with kind permission from Cambridge University Press.

数学の進歩の確認　"Identifying Progress in Mathematics"
in *ESF Conference in Colmar*, 1985, pp. 24-41,
with kind permission from Cambridge University Press.

研究はどのように行なわれるか　"How Research Is Carried Out"
in *The Bulletin of the Institute of Mathematics and its Applications*, vol. 10, 1974, pp. 232-234,
with kind permission from The Institute of Mathematics and its Applications.

20 世紀における数学 "Mathematics in the 20th Century"
in *Bulletin of the London Mathematical Society*, vol. 34, 2002, pp. 1-15,
with kind permission from The London Mathematical Society.

マイケル・アティヤ教授へのインタビュー "An Interview with Michael Atiyah"
An interview by Roberto Minio,
in *The Mathematical Intelligencer*, vol. 6, no. 1, 1984, pp. 9-19,
with kind permission from Springer Science+Business Media.

個人的な歴史 "Personal History"
in *The Founders of Index Theory*, Second Edition, 2009, pp. 5-14,
with kind permission from International Press.

目　　次

第 1 部　数学と科学

知性・物・数学　　2
 0．はじめに　2
 1．物理的実在とは何か　3
 2．知識は生まれつきのものなのか，経験から得られるものなのか　5
 3．数学とは何か　7
 4．数学と物理学との関係はどのようなものか　10
 5．人間的な範囲　12
 6．現代物理学　14

数学——科学の女王と召使い　　18
 1．数学における二分法　18
 2．ふつうの言葉　20
 3．数　学　21
 4．数学と物理学　22

科学の良心　　25

第2部　数学と社会

数学とコンピュータ革命　　　　　　　　　　50
1. 歴史的展望　50
2. 数学と理論コンピュータサイエンス　53
3. 数学研究の一助としてのコンピュータ　55
4. 人間の知能と人工知能　57
5. 知性の危機　58
6. 経済からもたらされる危機　62
7. 教育上の危機　64
8. 結論　65

数学の進歩の確認　　　　　　　　　　　　　67
1. はじめに　67
2. 数学の特別な様相　68
3. 問題の役割　70
4. 革新　73
5. 審美的な成分　75
6. 統合と分裂　77
7. 応用数学　80
8. 社会との関係　82
9. 不一致　85
10. 結論　86

研究はどのように行なわれるか　　　　　　　88

第3部　数学と数学者

20世紀における数学　　　　　　　　　　　102
1. 局所から大域へ　104

2．次元の増加　106
  3．可換から非可換へ　107
  4．線形から非線形へ　108
  5．幾何 対 代数　109
  6．共通のテクニック　115
  7．物理学からの影響　121
  8．歴史的な概要　126

マイケル・アティヤ教授へのインタビュー　130

個人的な歴史　162

  1．はじめに　162
  2．K理論　166
  3．指数定理　167
  4．K理論と指数定理との相互作用　169
  5．不動点定理　171
  6．熱方程式の方法　172
  7．エータ不変量　172
  8．双曲型方程式　173
  9．ヤン‐ミルズ方程式　175
  10．リーマン面上のバンドル　176
  11．同変コホモロジー　177
  12．位相的場の量子論　177

人名索引　179
事項索引　183

第 1 部

数学と科学

知性・物・数学

"Mind, Matter and Mathematics"
エジンバラ王立協会会長講演
2008 年 10 月 2 日

0. はじめに

　この会長講演は，広い層の聴衆の方々が一般的な興味をもたれるようなものであるべきですし，またエジンバラの王立協会を誕生させたスコットランドの啓蒙精神にのっとったものであるべきです．

　本日の講演の内容は，哲学にとって中心的な地位を占めてきた事柄ですが，私がお話しできることとして，演題の中に数学も加えておきました．このことは歴史的にも哲学的にも十分意味のあることです．哲学者としては私はアマチュアにすぎず，今日ここにお見えになっている方々の中には，私よりこの主題についてもっと精通されている方が多くおられることでしょう．しかし私は数学者であり，ここで私は私の人生の経験に立って話していくことにします．

　遠い昔から，多くの哲学者たちは数学に関心をもってきました．それらの人たちの中でもとくにプラトン，デカルト，ライプニッツ，カント，バートランド・ラッセルがよく知られています．実際，ごく最近まで自然哲学は，倫理を扱う哲学とは対照的なものであり，しばしば応用数学と同じような意味にとられていました．私がケンブリッジ大学の学生であったのは，いまから 50 年ほど昔のことになりますが，私たちの試験用紙はふたつのセットに分かれてい

て，ひとつには「純粋数学」，もうひとつには「自然哲学」とラベルが貼られていました．

そこで私は，非常に親しみやすい領域を述べていくことにします．そこでの基本的な問題は次のことです．

1. 物理的実在とは何か？
2. 知識は生まれつきのものなのか，経験から得られるものなのか？
3. 数学とは何か？
4. 数学と物理学はどのような関係にあるのか？
5. 人間の知性はこのすべてのことに，どのように適応していくのか？

もちろん，すべての深い哲学上の問題と同じように，これらに対して永久に成り立つ最終的な解答など存在しません．しかし私たちは，問題を投ずることによって学んでいきます．私たちはまた自然科学（物理学，数学，進化論，心理学，神経生理学，…）の進歩に照らして，理解を深めていくこともできます．

私はこれらの問題について順次述べていくことにします．

1. 物理的実在とは何か

物理的世界に対する人間の理解は，さまざまな段階を通して進んでいきます．まず最初に人間の知覚作用があります．精神的な形象をつくり出す感覚を通して刺激を受けとって，次に私たちの脳はこれらを相互にはたらき合うものとして理解します．現代の科学が示したことによれば，それは考えられるよりはるかに複雑なはたらきです．視覚はもっとも徹底して調べられてきた機能です．そしていまでは，私たちは，視覚は目を通して運ばれるものよりはるかに多くのものを見ているということを知るようになってきました．ありのままのデータには，構造と意味が与えられなければなりません．脳は，目にうつったものの後にあるものは何かをあててみなくてはなりません．そしてそのときには目の錯覚のときと同じようにその結論をテストし，修正していかなくてはな

りません．これらのことは，私たちを主観的な実在といってよいものに導いていきます．私たちが思っているような世界は，私たちの過去の経験に基づいているものなのです．

しかし科学は，多くの事物は私たちが思っているようなものではないことを教えています．顕微鏡のような機器を使う技術的な方法で知覚を広げていくことによって，まったく違う世界が現われてきます．固い石は，複雑に絡み合った構造をもっているように見えます．しかし，それを超えて，現代の科学理論は分子と原子の構造を教えてくれています．固体の石は，おもに空虚な空間と，量子力学的な振動する波からなっています．では，どちらが「現実の石」なのか？

私たちは，「実在」にはさまざまなレベルがあると結論しています．

(a) 実在についての人間的知覚
(b) 実在についての科学的記述（スケールを微小にしていくにつれ複雑性は増加していく）
(c) 実在についての数学的形式——すべてのことは（量子力学におけるように）方程式によって記述される．

最後に究極的な問題があります．人間の観察の外におかれたとき，実在とは何か．宗教的な傾向をもつ人たちにとっては，モンシニョール・ロナルド・ノックス*によるよく知られている五行詩の中に示されているように，ここには何の問題もありません．

> むかしある男がいてこう言った．
> 「クワッド**に誰もいないのに
> この木がそこにあり続けるなんて，
> 神様はたいそう妙なことだと
> お考えになるに違いない」

---
* ノックス　　Ronald Knox (1888-1957)．英国の神学者・作家．「モンシニョール」はローマカトリック教会の高位の聖職者に対する尊称である．
**（原注）　　オックスフォードでは，クワッド (quad) はカレッジの中にある四角形をした中庭のことを指す．

「いいえ，あなたの驚きの方が妙なのです．
私はいつもクワッドを歩き回っています．
だからこそこの木は，
そこにあり続けるのです．
あなたの親愛なる神より」

また『天体力学』*について，ナポレオンとラプラスの間で生じたやりとりがあります．ナポレオンは，この書が神について何も触れていないことに目を向けました．ラプラスは，「それを仮定する必要はなかった」と答えました．ラグランジュがこの話を聞いたとき，彼の答えは次のようなものでした．「しかしそれは何と美しい仮定ではないか．それは一層多くのことを説明してくれる．」

このアイロニーが示していることは，私たちがさらに多くの知識を得ようとすれば，私たちはますます深く科学の基礎に向かって掘り下げていかなければならず，そしてそれは一層究極的な神秘性を深めていくことになるということです．

2. 知識は生まれつきのものなのか，経験から得られるものなのか

これはデイヴィッド・ヒュームや，イマヌエル・カントのような哲学者たちによって詳細に考えられた問題でした．ヒュームは確固とした経験主義の立場に立ちました．彼の見解にしたがえば，私たちは，感覚と外界との相互関係を通してすべてのことを学習することになります．カントはより細かく，それにはふたつの道があると考えました．最終的にはカントは，大部分の知識は経験を通して得られるとしても，ある知識は生得のものであると結論しました．

ユークリッド幾何学によって定式化されたような空間の性質は，議論を戦わせる望ましい場となりました．カントにとって空間の理解は生得のものでしたが，ヒュームはそれは経験によって学ばれるものだと主張しました．数学と物

---

* 『天体力学』　*Traité de Méchanique Céleste*.　ラプラス (P. S. Laplace) が 1799 年から 1825 年にわたって著わした 5 巻からなる大著．

理学とが進歩してきて，とくに非ユークリッド幾何学の展開と，アインシュタインの一般相対性理論を通して，多くの科学者たちは，カントが誤りであったということが示されたと主張しました．

　私の見解では，これはこの問題の理解としてはあまりにも浅すぎます．このことはまた「生まれつきの知識」について一層注意深く，そしてそれがどこからやってきたのかについても考えることが必要であることを示しています．カントの頃には，人は神によってつくられ，そして生まれつきの知識は神の贈りものであるということはごく少数の人たちしか，公に議論することはできませんでした．今日では，ダーウィンの進化論によって，私たちは自然淘汰の長いプロセスによって，生命の木の中で進化してきたことを知っています．この生物学的見解からは，生まれつきの知識は経験から「学ばれてきた」ものでしたが，それは個人としての経験ではなく，人類としての経験を通してでした．したがってある意味では，ふたつの哲学の間には，基本的にはほとんど差はないのです．

　進化論の生物学者にとっては，非ユークリッド幾何学を無視する「生まれながらの知識」とアインシュタインの間には何の矛盾もありません．私たちの祖先が生き残りをかけて戦ってきた戦いの中では，ブラックホールに出会うことは決してなかったのです．ユークリッド幾何学の中に取りこまれている平坦な空間は，ライオンや虎たちが襲いかかってくることから逃れるのに必要なすべてのものだったのです．

　ここでカントと彼の空間論についての私の個人的な思い出話をつけ加えておきましょう．私がケンブリッジの学生だったとき，私たちの数学会は，すぐれた哲学者C・D・ブロードを，「夕べの講義」をしてもらうために招待しました．彼は，カントがいろいろ考えたひとつの問題，右手のグローブと左手のグローブの違いの問題をテーマとして選びました．講義が終わり，夕食のあとで遠慮がちにブロードに近づいて話してみました．「カントの時代以来，私たち数学者はこの右手・左手の問題（科学者たちはこれをキラリティ chirality といいます）について，一層よく理解できるようになってきました．私たちは，左手のグローブがずっと遠い所まで回ってそして戻ってくると，あなたの右手に入るようになるひとつの宇宙を思い描くことができるようになりました．」

ブロードは，偉大なイマヌエル・カントについてこの質問を試みたひとりの学生，私を何者だろうと思ったのか，このナンセンスとも思えることにのってくることはありませんでした．適当にたしなめられて，私はこの戦いから退きました．しかしそれから50年経ったいまでも，私は正しかったし，また哲学は，私たちの科学の理解における進歩に対して応えなければならないと考えています．「自然哲学」という言葉がすたれてしまったことは残念なことです．

3. 数学とは何か

　数学と哲学とは，はるか遠い源から，論理と理性とを共通の基盤として，密接に関係し合ってきました．自然哲学，あるいはいまでいうところの科学は，このふたつの基盤が結びついてでき上がったものです．数理哲学者 (mathematical philosopher) の前に立ち現われるもっとも基本的な問題は

　　数学とは何か？

です．もう少し具体的な形では，次のように定式化することもできます．

　　定理は発見されるのか，あるいは発明されるのか？

　プラトンによれば，数学はイデアの世界の中にあり，そこには次元をもたない点や，完全な直線や円が存在して，ユークリッドの公理をみたしています．私たちは紙の上に線を引き，そして私たちを取り巻く世界の中で，これらのイデア的なものの近似的な姿を見ています．プラトニストたちにとって，数学は実世界とは独立した存在であり，真理，すなわち定理は，すでに実在していて，われわれ数学者を躓かせようと待ち構えているものなのです．これが定理が発見される世界でした．

　実際活動しているすべての数学者は，ある程度このプラトン的な見方を信じています．私たちが真理を見出すためにはたらいているとき，時々，私たちは，ドアが開けられ，そして以前は隠されていたものが私たちの前に示されて

いると感ずることがあります．

　ひとつの例として，直角三角形の辺の長さの関係を示すピタゴラスの有名な定理 $c^2=a^2+b^2$ を考えてみましょう．実用的な事実として，バビロニアの人たちは，3，4，5と5，12，13からはじまるピタゴラス数を並べた長い表を持っていました．これは間違いなく実験的に求めたものです——それはプラトニストのイデアの世界へのひとつの予見を与えるものでした——．それでも証明という概念は，ずっと後のギリシア人まで現われることはありませんでした．この定理がひとつの発見であったことについて異論をとなえるのは難しいことです．

　著名な数学者アラン・コンヌとロジャー・ペンローズは熱心なプラトニストです．彼らにとって数学の理想的世界はヒューマニティとは無縁な永続的な存在の中にあります．彼らによれば，数学は人類が現われる前から存在していました．そして人類滅亡のあとも存在し続けるでしょう．彼らにとって，数学は神の賜物——時間の外にある存在——なのです．

　数学的なアイディアの例として，私の中ですぐに浮かんできたのは−1の平方根を $\sqrt{-1}$ と表わすことです．どんな数（正の数，負の数）の平方もいつも正です．その平方が−1となるような数はありません．しかし数学者たちは架空の数 $\sqrt{-1}$ を用いることを自分たちで見つけ，大成功しました．そして数学者たちは自分たちの世界の中でそれを「虚数」として認めることにしました．そしてこれは人類の歴史の中で起きたもっとも独創的なステップであったといわれるようになりました．実際，虚数は数学にまったく新しい扉を開き，そして20世紀になると量子力学の定式化にとって，虚数はそこでは本質的なものであることがわかってきたのです．

　親しくなりすぎると軽視しがちになります．現在の学生は $\sqrt{-1}$ を苦もなく認めてしまいます．しかし偉大なガウスは，「$\sqrt{-1}$ についての真の形而上学はかんたんなことではない」といっています．

　数学者たちがよく引用する言葉がほかにもあります．クロネッカーは

　　神が整数を創造された．ほかのものはすべて人によってつくられた．

と信じていました．そして多くの数学者は，整数とその多くの性質が，理想的世界の原初的な姿を表わしていると考えています．しかし私は，もし知能の進化が人類だけではなく，大洋をみたすような大きなクラゲの中で起きたら，どういうことになるだろうと考えてみました．ひとつひとつの個体に出会うことのないこのような生物にとっては，整数と関係するようなものは何もないでしょう．しかし，水圧や，速さや，温度のようなものを表わす実数は，いきいきとしたはたらきを見せるでしょう．その生物の数学では数論などまったく現われずに，流体力学がとくに発達しているかもしれません．実際，進化（あるいは神）は，人と，そしてそれと同時に整数を創造していったのです．クロネッカーによる区別はここでは消滅しています．

　私自身数学者である以上，発明と発見の関係について触れないわけにはいきません．簡明に述べましょう．私は次のふたつのことを述べることで，簡単ですが答えとします．

（1）　数学は人間の集団の知性（collective mind）の中にあるものである．
（2）　たくさんの定理は存在するが，私たちはその中から欲するものだけを選択する．

　（1）を論ずることは難しいことです．それは経験的なことだからです．図書館の司書の人たちは，数学は本や論文の中に含まれているものだというかもしれません．しかしとえすべての図書館が，アレクサンドリアで起きたような運命*にあったとしても，数学的な知識は集団としての人間の知性の中に生き残っていくに違いありません．人類が絶滅したときには，このような問いかけ自体も消えてしまうでしょう．したがってウィトゲンシュタインの教え**に厳密にしたがう人ならば，この問題は無意味なことだというかもしれません．

---

*　アレクサンドリアで起きた…　アレクサンドリアの大図書館は古代において70万冊を越えたともいわれる蔵書を有していたが，ローマ，イスラムの侵攻などにより，7世紀までにそのすべてが焼失・散逸した．
**　ウィトゲンシュタインの…　オーストリア出身の哲学者ウィトゲンシュタインは，言語に対する明晰でない理解が，無意味な哲学的問いを生じさせることを指摘した．

（2）で述べられている定理についての私の考えは，すべての正しい数学的記述は，それについて私たちが考察する前に，すでに存在していたということです．ニュートンの有名な言葉のように，それらは海岸にある小さな石のようなものであり，私たちはそれをひとつ，ふたつと拾っていきます．それは小石が私たちに訴えかけているからなのです．いいかえれば，もととなる材料は発見されていかなくてはなりません．しかしどれを選択するかは，私たちの意思の自由なはたらきによっています．——ここに発明が入ってきます．もちろんこのいい方は，極端に簡素化したいい方になっています．発明は，しばしば大きな再構成を必要とします．私たちは単に小石を選び取るだけではなくて，城をつくるためにそれらを組み上げることになります．原理的には，このようにしてつくられる可能な城はすべて存在するのですが，私たちはその中でどのようなものを建てるのかを，あらかじめ選んでおかなくてはなりません．海岸のアナロジーはこのとき崩れていくことになります．そして私たちは，一層抽象的なレベルに立って議論を進めていかなくてはなりません．

4．数学と物理学との関係はどのようなものか

ガリレオの有名な言葉があります．

自然という本は，数学の言葉で書かれている．

これは確かに真実です．ガリレオ以後，数学は物理学を理解するためのただひとつの道として大きく展開してきました．このストーリーについてはあとで述べることにしましょう．しかし数学と物理学との関係はむしろ複雑であるといってよいのです．私はそのことをかんたんに次の図式で表わしてみようと思いました．

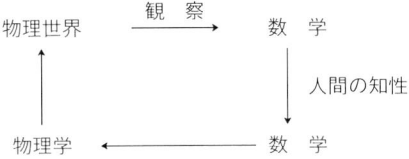

　上の横向きの矢印は，自然界に向けての観察を記録し，組織化する数学の役目をまとめて表しています．たとえばこれは，ケプラーが惑星の天体観測を行ない，そこから惑星の軌道と法則を導いたプロセスで示されています．次の段階は，数学の世界の内へと向けられたものであり，そして洗練された数学的なアイディアは，最初に私たちが手にしたデータそのもののもつ意味を変えてしまいます．たとえばニュートンの計算と彼の運動法則は，ケプラーが観測によって得た法則を説明し，拡張しました．新しい数学的理解は，そのとき重力の逆2乗の法則が示すような物理理論へと変えられました．これが上の図式で下の横向きの矢印として表わされていることです．最後に物理理論は，海王星の発見のように，現実世界へと適用されることになりました．

　しかし数学と物理学との関連で，生物学，とくに進化の過程におけるその役割を無視することはできません．数学は人間の知性の中で生まれます．そしてその内容と定式化はともに人間の脳の性質によって調整されてきました．

　含意（AはBを意味する）に基づいている論理学でさえ，私たちが自然界を通して見ている因果律（AだからB）から導かれています．私たちの祖先たちは，茂みの中に隠れている虎を見たとき，彼らは次の段階で虎が自分たちに飛びかかってくることを知っていました．人類による数学の起源と展開は，かなりの程度，進化によって推し進められてきました．ある意味で，数学は生存競争における人類の秘密の武器であり続けました．疑うことなどほとんどないようなことですが，私たちは驚くべき成功をおさめてきました．それでもいまは，そこで得られた結果が手から落ちることがないかについて，そしてまたひとつのカタストロフか何かによって，私たちはまた絶滅に導かれることはないかについて気を配っていなければなりません．

5. 人間的な範囲

　私がすでに述べた生物学的なコメントは，人間の活動としての科学と数学の一層深い検証へと導いていくことになります．単に生存をかけた進化論的な闘争だけではなくて，知的努力を要する高等な領域においても，そこに深く関わってくるのは人間の知性です．どのようにして知識を組み立てていくか，そして私たちが科学とよんでいる偉大な建造物を建てていくのも，実にそれは私たち自身なのです．

　それでは私たちを動かす力は何か？　私たちを導く原理は何か？　私たちはそのマスタープランをどこから手に入れるのか？　有用性とすぐに使えるような実用性は，ただ短い間しか用いられない控え目な動機を与えるにすぎません．それは建築家が自分の使う石を選んでいるようなものです．ミケランジェロの心の中でヴィジョンとして捉えられた偉大な建築のスキームを，私たちはほかのところに求めていかなくてはなりません．

　長い歴史の流れの中で，科学の役割はつねに自然を理解することであり，そのさまざまなはたらきと構造に向けて，できるだけ深い洞察を得ることでした．ここではキーワードは「理解する」ことです．それでは理解とは何か？　それは多くの事実の機械的な蓄積以上のものであることは確かです．ポアンカレはこれについて，一軒の家が単なる煉瓦の集積ではないように，科学は単なる事実の集合ではないのだ，とうまくいっています．

　しかし理解するとはどのようなものであれ，それはひとりの人間のはたらきに帰せられるものです．私たちは，一呼吸する間もないようなスピードで，膨大なデータを系統立て，組み立てるコンピュータではありません．もっとも，コンピュータが問題を理解する，ということもいえなくはないのかもしれません．しかしそれは人間の理解とはまったく異なるものです．

　私たちが知っているように，科学は，私たちの理解というものに基づいた人間の企てです．それは芸術のような教養的な活動であり，そしてそれは単純性と美へ向けての人間の探求心によって進められています．虹のような複雑な現象に対して，かんたんな説明が与えられたとき，私たちはそれを理解したといいます．ピタゴラスの定理のかんたんな証明は，バビロニアの人たちが扱った

すべての直角三角形を私たちに理解させてくれました．逆2乗の法則は惑星が楕円軌道を描くことを説明しています．

　もし単純性と美が理解したことのあかしとなるならば，どのようにして知性は，同じ目的を数学の分野においても達成するのか？　一方ではそこには論理，証明，計算の形式的な手法があり，それは数学者の標準的な道具となっています．これらは作家にとっての鉛筆や紙や，ノート型パソコンのようなものです．しかしこのうしろには，作家や数学者の心の中でどんなものが展開しているのでしょうか？　素人の聴き手の方に，数学のひとかけらでも述べてほしいと頼まれるときがしばしばありますが，そのようなときには私たちは技術的なことは避けて，建築家が構造を示すときに用いるように，アナロジーへと訴えます．そんなとき私たちは，このアナロジーは実際のものの貧弱なモデルにすぎないと，弁解しながら話すのがふつうです．しかし実際は，アナロジーは理解へと導く助けとなるもっとも強力な道具のひとつであると私は考えています．数学者は，たとえば海の波だけではなく，すべてのものの振動する状況を述べるための言葉として，「波」を採用してきました．電磁波，量子波動関数，地震波の波などはよく知られた例ですし，またスポーツ・コメンテータは，フットボールの観客の歓声の波を伝えています．

　たぶんもっとも基本的で広く用いられるアナロジーは視覚に関係しています．視覚は，脳の中で行なわれる一番複雑なプロセスです．ひとりの生徒が難しい問題に出会ったとき，最後に"I see."（わかった！）と叫びます．ここでは視覚は理解と同義語として用いられています．頭の中で描くものは，理解に向けての大きな道となります．このことはパターン認識に非常に密接に関係しています．ここでは基本的なユニットあるいはセルが，何度もくり返して現われてきます．このようなパターンは，実際は視覚的な現象を記述しているだけなのかもしれません．しかしそれは抽象的なパターンもあわせもっています．そこではセルは，音響でもあり，フレーズでもあり，またアイディアともなっています．

　アナロジーや，描像や，パターンを用いることは，私たちが数学において，また人生において，いかに考えるかの基本となっています．数学者たちは，すべてのレベルで，このようなやり方で考えます．それは教えるときにも重要な

ことです．私たちは生徒が，彼らのコンピュータではなくて，彼らの想像力をはたらかせるように助けてやらなくてはなりません．

6. 現代物理学

　私がいままで数学，物理学，哲学について論じてきたすべての問題は，20世紀，そしていま21世紀になって一層はっきりとした形をとるようになってきました．廃れて，完全に終わってしまい，それに関して新しいことなどないと思われてきた問題も，逆にふたたび生命を取り戻してきたのです．そしてそれらは以前よりも一層私たちに問いかけてくるようになりました．私たちが深く掘っていくにつれ，ますますそこに古典的な問題が適切な形をとって現われてくるようになり，そしてそれが，今日ここでの私の話のテーマを選ばせることになったのです．

　私は，大急ぎで物理学が前世紀にどのように発展してきたか，そのおもな流れを見，そしてこの流れが私たちをどこへ導いていこうとしているのかを見てみようと思っています．その全体の話の中でしだいに明らかになることですが，そこでは数学がますます中心的な役目を果たすようになってきました．それは深い哲学的な意味をもつことなのです．

　わかりやすいように，物理学における主要な発展を，それに貢献したもっとも有名な物理学者の名を添えて，以下に記してみます．このリストは年代順で，そしてこれから先がまだ十分見えてこない現在と未来で終わっています．

　　　　　　　　ニュートン　　　　重　力
　　　　　　　　マックスウェル　　電磁気
　　　　　　　　ハイゼンベルク　　量子力学
　　　　　　　　ディラック　　　　場の量子論
　　　　　　　　ウィッテン　　　　弦理論
　　　　　　　　　　？　　　　　　　　？

　私たちがこのリストを，歴史的順序にしたがって上から下へと見ていくと

き，私たちはふたつの，とだえることのない持続性をもつ流れに注目することになります．ひとつは，すべての段階は新しい領域，新しい概念あるいは観点を含んでおり，それは最初多くの反対に出会ったということです．直接そこには力学的なはたらきもないのに，遠隔にまではたらくニュートンの重力は，デカルトの追従者たちには受け入れ難いものでした．マックスウェルが，何もない空間に力の場を導入したことは，同じように革命的なことと受けとられました．アインシュタインの一般相対性理論は，それが時間と空間を結びつけた特殊相対論の上におかれたので，大きな概念上の困難に直面しました．量子力学と場の量子論は，まったく新しい奇妙な世界へと導いていくことになりました．それはルイス・キャロルが入っていってみたかった世界かもしれません．ごく最近は，量子力学と重力を弦理論によって結びつける試みもあり，そこでは（ふつうのように4次元ではなく）時空は10次元か11次元をもち，点粒子よりは（1次元の対象である）弦が出発点になっています．

第二の歴史的な観点は，各段階において，その理論は数学的にますます複雑化し精密なものになってきたということです．実際，この全時代を通しての数学と物理学との歴史は，それはあるときは互いに漂い流されているように見えるときがあったとしても，このふたつは密接に絡み合っていました．

弦理論，あるいはその継承者たちによる現状は，私たちの理解を越えるような，信じ難いほど複雑に入り組んだ数学を，多くの理論の中に組み入れています．実際，エドワード・ウィッテンは，「弦理論はたまたま20世紀に発見されたが，そこに盛られているのは21世紀のアイディアである」といっています．それはいいかえれば，私たちが，弦理論に溢れるように含まれている数学的内容を適当に理解できるようになるには，長い時間を待つ必要があるかもしれないということです．

私がざっと示してきた物理学の展開を通して，哲学，物理学，数学の間に衝突も起こりました．それぞれの新しい理論から，いくつかの哲学上の基本的な問題が提起されてきて，それは理論に賛同する人たちには評価され，反対する立場の人たちはすぐにその問題にとびついてきました．物理学者たちの答えはつねに実際的なもの，"it works."（これでうまくいく）でした．新しい理論は，十分実験によって実証されていました．そしてそれはまた数学的にも勝利

を占めていました——方程式が責任を引きうけ，そしてある意味で，哲学者たちを追放してしまいました．

しかし，必ずしも誰もがこの結果に幸せというわけではありませんでした．アインシュタインは，量子力学を究極の理論としては認め難いという過激な立場に立っていたことを私は思い出しています．リチャード・ファインマンは，「誰も実際は量子力学など理解することはできない」と告白したことで，アインシュタインをかげながら支持したことになりました．しかしファインマン自身は，実は量子革命のリーダーのひとりだったのです．

また次のことを思い出してみることも興味あることです．クラーク・マックスウェルが，彼の有名な方程式を力学的モデルから最初に見出したとき，彼はすぐそのあとでこの方程式の「説明」を放棄してしまいました．

あるとき私は，有名なオーストリアの論理学者で，アインシュタインの友人でもあったクルト・ゲーデルの隣りに座っていました．このときゲーデルは私に，現代物理学者たちの間で起きているトラブルの原因は，彼らはもはや「説明する」ことを目的としないで，ただ「記述する」ことによっているにすぎないからだと話しました．これは一言でいえば，哲学者たちは負け戦を目の当たりにしたことを示しています．一方，数学者たちといえば，彼らはこの戦いに悪役として登場していたように見えます．彼らは哲学者のいた場所にとってかわることになりました．そしてそこでは，方程式が究極のリアリティを示すということになったのです．

ここでの結論は，宇宙の物理モデルは，実験技術の成功とともに，まったく数学的なものになってきたという事実です．あるいは皆さん方は，ひとりの数学者として，私が私のテーマである数学のこの究極の勝利を歓迎しているのではないかと思っておられるかもしれません．しかし少しひねくれているかもしれませんが，私はこの状況をむしろ不幸なことと思っており，むしろアインシュタインの誤解の方にくみします．私たちが現在もっている物理モデルは，疑いもなく，大部分の物理現象に対して正確な記述を与えてくれています．弦理論によって探究されているような究極の統一原理は，なおつかまえどころがありません．きっとそれはさらに新しい洗練された物理モデルがつくってくれるのでしょう．それはすべての物理現象を説明し，そしてそれは一層アインシュ

タイン派の人たちを元気づけることになるに違いありません．私たちは，科学の究極のゴールは，自然を理解するためにあるということを思い出すべきです．そして一方数学は，私たちが一層近づきやすい哲学的基礎を目指そうとするときの，もっとも好ましい手段になるのかもしれません．

　この講演のいろいろな段階で，私は神についても触れてきました．しかしそのときには多少ユーモラスな形で述べたので，その神学的内容を強調するようなことはしませんでした．しかしいまはここで信仰について，より真面目な話を導き出してみます．ラプラスやアインシュタインのような多くの物理学者たちは，宇宙のはたらきに対して，究極的な説明のもとになるものとして数学に信をおきました．コンヌやペンローズのような数学者たちは，時空の外にあるものとして，数学のプラトン的な見解に立って，この信仰を分かちあっていたように見えます．一方，ラグランジュは，たぶん頬をすりよせるようにして，神をあらゆるものを説明する「美しい仮説」として指し示しました．そしてロナルド・ノックスは，そのすべてをひとつの五行詩の中に，カプセルのようにして納めました．

　数理物理学者たちは，宇宙を支配する実に単純で美しい数学的ないくつかの方程式があることを信じており，そして科学者の仕事はそれを探し出すことにあります．これは信仰に属する事柄です．

　もうひとつの信仰は，宇宙を創造し，そして親しく私たちに，私たちが理解できるような法則と方程式をお与え下さったひとりの神を信ずることから生まれてきます．

　これらふたつの信仰の間に争いはありません．ともにそれぞれの中に神秘性をたたえているのです．

数学——科学の女王と召使い

"Mathematics : Queen and Servant of the Sciences"
アメリカ哲学会 数学・物理シンポジウム 講演
1993年4月29日

1. 数学における二分法

このような学会における250周年記念において，哲学的な話をさせて頂くことは，まことによい機会だと思っております．私たちがかかえている永遠の問題を，現在発展している明るい光の中で取り上げ，この場で論ずることは，本当にふさわしいことと思います．現にあるものを，二分法[*]によってふたつに区分けして考えようとすることは難しいことですし，またどちらか一方だけを選んで述べることもできなくなってしまいます．数学は，芸術なのか，科学なのか？ 大学はこれに対して不明確な態度をとっています．実際ある大学では数学専攻の学生者に学位としてB. A. (Bachelor of Arts) を与えており，ほかの大学ではB. Sc. (Bachelor of Science) を与えることにこだわっています．そこには純粋数学と応用数学の間の伝統的な仕切りがあります．しかし数学の応用が，果てしないような広がりを見せていく中で，この区分は混迷したものになってきています．実際，もっとも純粋と思われた数学分野でさえ，思いがけない応用を見出しているような状況が起きているのです．たとえば素数

---

[*] 二分法　ダイコトミー (dichotomy)．論理学の用語で，論理的な推論で区分肢をふたつにして，次々に区分を進めていく方法．

は，数学の中でも，もっとも純粋なもので，数学以外ではどこにも用いられるようなところなどないだろうと思われていましたが，最近は銀行などの機関で，セキュリティ暗号をつくる際に用いられるようになってきました．代数幾何学は，最近高エネルギー物理学と関連しはじめ，そして数理論理学は，コンピュータサイエンスへ向けて重要性を増しています．

さらに一層深まりを見せているのは，数学そのものに向けられた古くからある伝統的な問題です——数学の定理は，発見なのか，発明なのか？　数学は人間精神の創造なのか，物理的実在の反映なのか？

私の講演のタイトル「科学の女王と召使い」は，別のもうひとつの見地に立っています．それは一層詩的な形で与えられており，私たちの偏見の上で戯れ合っているようにさえ見えます．私はこの講演を，哲学のもつ分析的な伝統にしたがいながら，このタイトルが何を意味しているか，その解析に向けて進んでいってみたいと思います．

どんな王室でも（溯れば）もとはつつましい出であり，また女王様は侍女から上ってきたのだ，というようなことをふと思ってみることも役に立つことがあるかもしれません．その上，王室の役目も，君主は人民の召使いにすぎないなどと見られるときは，少し混乱してきます．このような状況は，ギルバートとサリヴァン*のオペラに出てくる，「ゴンドラの漕ぎ手」として育てられた王子の歌の結びの部分で，おもしろおかしく捉えられています．

　　しかし私たちにとって測れないほど
　　大切なものといえば
　　特権と快楽さ
　　それはお国のお偉方さまたちのために
　　ちょっと使い走りにいくときのことさ

いまの私たちの時代には，儀式のときのつとめ以外には，ほとんど実際上の

＊　ギルバートとサリヴァン　　英国の劇作家・作詞家 William S. Gilbert (1836-1911) と作曲家 Arthur Sullivan (1842-1900). ここで取り上げられている「ゴンドラの漕ぎ手，実はバラタリアの王」(*The Gondoliers : or, The King of Barataria*) はふたりの合作．

権威をもたない立憲君主だけが残されています．ですから私たちが，「数学は科学の女王」というときには，私たちは心の中では，数学をお飾り的なシンボルとして見ているのでしょうか，あるいは力の源として見ているのでしょうか？

二分法は，考えを引き出すための有用な手段です．パラドックスのように，それは難しいところを，はっきりと映し出してくれます．しかしひとつの答えだけを取り出して示すということはしてくれません．より建設的なたとえとしては，「数学は科学の言葉である」といういい方があります．これは数学という学問の構成的面を捉えています．これから私が述べてみたいことは，このたとえにしたがっていくことになるのですが，まずそれより先に，数学をふつうの言葉としてかんたんに見ていくことからはじめてみたいと思います．

2. ふつうの言葉

ふつうの言葉はどのように進化を遂げてきたのでしょうか．そしてそのはたらきとは何なのでしょうか．人間は，（人間自身を含む）「実世界」を感じとる知覚をもち，それについて思案し，そして言葉を通して（他人へ）伝えるための記述表現と説明とを生み出してきました．概念は展開されていかなければならず，そのためおのおのの概念には名前が与えられ，そして論理的に（文法的に）手ぎわよくまとめられて，文章として組み立てられました．言葉は「思考の客観化」であるといってもよいのかもしれません．原初の思考は，言葉によるものではなく，視覚によるものであったということも注意しておきます――このことは，動物や，幼児のことを考えてみればわかります．

しかし言葉は，発展していく過程で，たくさんの異なった層へと積み上げられ，そしていろいろ違った目的へと使われるようになってきました．実際，言葉は，詩（とまた文学のほかの形式）から，新聞紙上での情報伝達のようなもっと低い形まで，いろいろ広い活動範囲をもっています．また法律分野で使われるような特殊な言葉の形もあります．このようなものを超えたところには言語学があります．私たちは，詩の中には，美的な，また創造的な成分が含まれており，それがしばしば文法の厳密な規則を越えてしまうことがあることもよ

く知っています．詩は，つねに言葉の範囲と意味とを広げていこうとしています．その上，ときにはこの創造的な展開は，言葉のより実用的な形にまで影響を与えることもあります．実際，シェイクスピアからの引用は，いまも新聞にしばしば見受けられます．

　言葉は，文法でもあり，また文学でもあります．言葉は，概念と意味とを一体化しているので，その中に含まれているひとつひとつの語を，全体から分離して取り出すことを難しくしています．アイディアは語の連なりを生み，それは私たちが一層複雑なアイディアを創り出していくことを可能にしてくれます．

3. 数　学

　数学はふつうの言葉から出発していますが，しかし（数からはじめていくことにより）正確さを究めながら一層深く掘り進み，そして概念と法則とをはるか先まで展開させてきました．それは特殊化された超越語（superlanguage）と見ることもできます．ジョージ・ブールは，文法と記号論理代数（いまではコンピュータサイエンスの基礎となっています）との間に成り立つ関係を説明しています．そこでは，等式が文章の役目をしているとされています．私たちは，数学と言葉との関係を，次の図式で示すことができます．

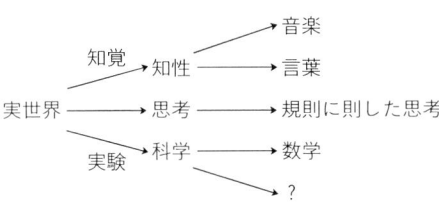

　ちょうど原始的な言葉（たとえば動物たちの間で交わされる言葉）が，言語の形をとっていないように，初期の科学（たとえば熱や光に関するもの）は，非数学的なものでした．知性はさらにものの本質を表現するために，幾種類もの言葉を生み出しました．音楽はそのひとつの例です．現在，数学はその深さ

と広がりによって，科学の卓越した言葉となっています．しかしほかのタイプの（いまもなお疑問符で表わされているような）言葉がさらに必要とされるものなのかどうかは，わからないままになっています．

　もし私たちがこのアナロジーを受け入れるとすれば，私たちははじめてそこで，どうして数学が，詩のように創造的で美的な面をもっているかを理解することができます．数学の中では想像力が大きく広がり，技術者たちが決まった計算をするときにも用いられるようになっているのです．そしてまた科学の発展の中から生まれてくる要求に，絶えず応えていくために，数学には新しい概念が加えられ，数学はつねに広がっていくのです．このことは，複雑な現代社会の必要に応じるために，言葉が育ち，広がり続けている状況とくらべてみるとよくわかります．

　思考と単語とが互いにからみ合っている言葉と同じように，科学と数学もまた互いにからみあっています．内容と枠組みとを分けてしまうことなどできることではありません．一方の影響は他方へと，複雑な共存関係をつくっています．この理由のおかげで，それほど抵抗なく，数学は科学の女王である，という言葉を述べることができます．しかし私の同僚の人たちの中には，これはかえって，あまりにも数学のみじめな姿——科学の召使い——を連想させるのではないだろうかと感じている人もいます．そしてその人たちは，あらゆる権利と美が生じてくるような，さらに一層高い「女王」の座が好ましいといいます．しかしもし私たちが，ひとつひとつの力とアイディアを組み立て，洗練させ，そしてそれを伝えていく力を思い起こすならば，私たちはその役割は十分名誉あるものだと思っています．言葉として述べられないようなアイディアは，空虚で，何のはたらきも示さず，また数学のない科学は，不利な場所に残されることになります．

4．数学と物理学

　ひとつの手がかりとなる例として，数学と物理学との特別な関係を考えてみることにしましょう．この関係はもっとも古いものですが，また同時にもっとも近いものです．ニュートンの重力理論は，このふたつが合体して得られたも

のでよく知られています．すべての物体は，その距離の2乗に反比例する力で引き合うという逆2乗の法則は，明らかに思考の勝利を告げるものでした．これは惑星系の運動とほかの多くのことを説明しましたが，「遠隔作用」の概念は，哲学的な論議をよび起こすものでした．それは（スケールの小さなところでは）物理的には見出せないもので，本質的に「数学的なフィクション」にすぎなかったのです．しかししばらくたって，それは当然のことながら受け入れられるようになり，態度は変わってきて，いまでは重力は物理現象として認められています．そしてこの基本法則からほかの結果を導き出そうとするときには，手段としては数学だけが認められています．実際，歴史的に，哲学的に，そして論理的に，数学が基本法則の定式化を証明することに，このとき最初に立ち合ったのです．

20世紀前半に，ふたつの大きな新しい物理理論が登場してきました．アインシュタインの一般相対性理論と量子力学です．それぞれの場合に，私たちは非常に洗練された技巧に支えられた数学理論を必要としますが，それを哲学的な立場から把握することは，大変難しいことでした．理解する道は，ただひとつ，それは数学的な言葉によるものです．ふつうの言葉はここではまったく役に立ちません．

20世紀が進んでくるにつれ，理解に向けてのこの過程は，ますます変わることのない様相を呈してきました．物質の究極をつくる粒子への追求と，それを結ぶ究極の力は，一層難解な数学の中に入りこんで，そこで徹底的に調べられてきました．そこでは私たちは，ますますふつうの経験世界からは離れていき，そしてその実験には膨大な経費が必要とされるようになってきました．そこでは数学的な整合性だけが，その上を見通して進めていく判定基準を与えることになります．すべての知られた実験事実を包括し，そしてそれぞれの間に整合性があることを示す数学理論は，理論物理学における現実の機動力となっているのです．

最近のアイディアは，時空の基本的なあり場所を見出すこと，粒子にかわって「超弦理論」を定式化すること，抽象的な高次元空間を感じとることにかかっています．ここでは，「実在性」（リアリティ）は，純粋に数学的な構造となります．それを論ずるのはライバルの関係にある数学理論です．地球の外の世

界には望遠鏡を向け，微小な世界には顕微鏡を向けて確かめてきたように，物理的実在に向けては，私たちは数学を通して知的な確認を行なうようになってきています．

しかしそこで求められている数学の正しい形式は，物理からの要求に応える形で，数学自身の中で展開されています．ふたつのものが，混じり合った形で進んでおり，詳しく調べられています．一部は厳密な数学，一部は物理的な直観が導入されているものです．神秘的な詩のように，文法などは多少無視しても，もっとも深い真理を探っていこうと，一部は直観，一部は言葉によって，いままでになかったような新しい言葉が展開されつつあります．その目的は，もちろん実験と整合する論理構造をつくることにあります．これは物理世界の，数学への最後の引き継ぎとなって現われてくるものかもしれません．

科 学 の 良 心

"The Conscience of Science"
シュレディンガーレクチュア
インペリアルカレッジ
1997年3月18日

　この10回目にあたるシュレディンガーレクチュアで講演する機会が私に与えられましたことは、私にとっては大変嬉しいことです。誰もが知っておりますように、シュレディンガーは、量子力学の最大の先駆者のひとりでしたが、その後彼の興味は、科学と哲学に関するさまざまな方向へと向けられてきました。そのおかげでこのシュレディンガーレクチュアの講師をつとめる私にとっては、ここで一体何を話してよいのかということについて、あまり気にしなくてもよくなって、大変有難いこととなっています。私の今日の講演では、自由にいろいろなことを述べさせて頂きます。私がお話する内容は、シュレディンガーも十分興味をもっていたことで、それは十分認めてくれるものと思っています。

　この講演を準備し、そして気持をひきしめていくために、最近シュレディンガーの伝記を読んでみましたが、そこで彼がどれほど複雑で変わった人であったかということがはじめてわかりました。彼の世代の多くのヨーロッパの科学者たちと同じように、彼の人生は、戦争による異様に高揚した動きの中で、深く痛めつけられました。彼はユダヤ人ではなかったのですが、彼の物おじしな

いはっきりとした意見表明は，ナチスがオーストリアを占拠したとき，大学から解雇されるという事態を引き起こしてしまいました．彼は，科学者の多くが避難していった英国や米国に移り住むことはなく，アイルランドへと移住しました．運命の気まぐれか，アイルランドには，数学者でもあり，またシュレディンガーに傾倒していた首相がいました．アイルランドは，1939年に，とくにシュレディンガーのために，高等研究所をつくりました．シュレディンガーはそこで，人生の最後の年にオーストリアに戻るまで，幸せな日々を過ごしました．

シュレディンガーは，科学者または思想家として，多くの点でアインシュタインと共通するものがありました．ふたりとも深い洞察から導かれる大きな発見をしました．そしてふたりは，ニールス・ボーアと物理学会からも広く受け入れられていた量子力学のコペンハーゲン解釈には，満足していませんでした．シュレディンガーとアインシュタインは，ともに統一場理論を模索し，それはその時代には成功することはなかったのですが，現在の物理学は彼らの見解を強める方向へと進んでいます．

中立国アイルランドに身をおくことで，シュレディンガーは政治面からは遠ざかりましたが，科学の哲学的な意義については，深い思索を続けていました．そして『生命とは何か』*という小さな本を著わしましたが，この本は次の世代の生物学者たちに，強いインパクトを与えるものとなりました．すべてにおいて，彼は非常に優れたひとりの思想家だったのです．

この講演の主要なテーマへと入っていく前に，少し脱線するようなことになりますが，私の個人的なことについて触れておく方がよいように思います．私の人生の大半は大学における研究活動で，純粋数学において注目して頂けるような仕事をしてきました．しかし後になって私の興味は，理論物理学と量子力学の方へ移っていきました．しかし，そこでは予想もしなかったような大きな変化が私の身にふりかかってきたのです．それは私が，非常に公的な地位である英国王立協会の会長に就いたことからはじまりました．そこでは科学全体にわたる広いスポークスマンとして私にはたらいてもらうことが期待されていた

---

* 『生命とは何か』　岡小天・鎮目恭夫訳，岩波書店，2008年．

のです.

　この私自身に向けられた新しい挑戦に直面して，私は，王立協会の本質的な機能は何か，そして私が会長として公刊する出版物は誰に向けるべきものなのかを自問してみました．もちろんこの問いかけに対する答えとしてはいろいろなものが考えられるでしょうが，もっとも訴える力があると私が思った答えは，ある前任者の考えに負うもので，王立協会は，「科学の良心」としてはたらくべきものであるということでした．

　5年間，会長としての職にある間は，この「科学の良心」という言葉の意味するものをどのように解釈すべきかを頭の中で考え続けていました．本日のこの講演は，私が待ち望んでいたようなよい機会になりました．私は皆様方に，まずこのテーマの重要性を認識して頂き，そしてその上でこれに対する私の見解を述べてみたいと思っています．

　本質的な問題として，私は次のことを提起してみたいと思います．科学者は，科学の究極的な応用，およびそれが引き起こすすべての結果について責任を負うべきものなのか？　このことはわれわれの良心に向かってつねにはたらきかけているのか？

　これに対して，「純粋科学者」たちは次のようにいって防衛線をはるでしょうが，まずこれを打破することからはじめることにしましょう．「私は知識を進歩させるために，基礎科学を研究しています．その結果を見て，そこからいろいろなことを考え出すのは，技術者か，応用数学者のすることです．私たちの良心は潔白なのです．」しかしこのインペリアルカレッジのように，科学と技術との密接な関連をつねに強調しているところでは，これを聞いても，誰もそんな見えすいた言い訳に耳を傾けたりはしないでしょう．

　ここではまず，科学が進化してきた過程を，歴史的にさっと眺めておくことは，科学とその応用についての本質的な関連を確かめるのに，きっと役立つことと思います．公理と証明に重きをおいたユークリッド幾何学は，純粋数学の典型と見られがちですが，これは古代における現実世界の実際的な経験から生まれてきたものであることは，誰も疑っていません．このことについてそれよ

りも問題となるような例は，デンマークの有名な天文学者ティコ・ブラーエに見ることができます．彼の研究は，デンマークの王室予算の10%は使っていたといわれています．このような大きな出費は，実際上の応用があるものに対してだけ認められるものです．当時の天文学者たちは，天体現象を予言するという仕事にだけ関わっており，それは戦争の成功を保証するものとして容認されていたのです．

　しかし，科学的な共同体に対して，もっともはっきりしたヴィジョンを与えたのは，フランシス・ベーコンでした．彼によると，それは自然を理解し探求していくことにより，実用上の恩恵を受けることのできる共同社会であるというものでした．実際，この観点は，英国王立協会設立への動きへとつながっていくことになりました．なおつけ加えておきますと，ベーコンは，科学的発明の中のあるものは，あまりにも危険性が高いので，政府には伏せておき，科学者の共同体の中に留めおくべきだという考えももっていました．これは実際上は，結局はできないことであったとしても，先見の明のあることでした．

　ある人たちは，たとえ科学者たちが自分たちの目的を声を大にして言っているとしても，その主張をそのまま過大視して受けとるべきではないと論じていました．実際，18世紀，19世紀において，産業革命を起こしたのは，（科学者ではなく）技術者と発明家たちだったのですから，このような主張にも一理はあるかもしれません．しかしそれは，ある世紀の技術は，前世紀の思想家たちによってつくられた知的な風土があってはじめて成就されたものであることを考えずにいっているのです．レールの上を走る機関車が，ニュートン力学の考えにはまったく影響を受けていないなどということは，信ずることができないでしょう．

　私たちが20世紀へと目を向けると，この科学技術の進歩のペースは速さを増しており，基礎科学の実用化へ向けてのはたらきも一層明らかとなってきました．現代社会の基礎をつくるようになった広範な電子情報産業は，ファラデーとマックスウェルの仕事の上に完全に乗っています．核エネルギー，それはいまでは最強の力の源（これについてはあとで述べます）となっていますが，これは物質の本性についての究極の理解から得られているものです．生物学においては，DNAの二重らせん構造の発見は，すでに稔りある成果を実際面で

上げつつあり，次の世紀には驚くような結果をもたらすことになるでしょう．

このようなことから，科学的な発展が，今後ますます技術や医学の面でたくさんの人たちの生活の上に影響を及ぼし，そしてさらに広い応用が展開していくだろうと，多くの人たちが認めるようになるでしょうし，またそうなることを私は期待しています．研究を続けている科学者たちは，このような可能性のあることをうすうす感づいているか，あるいはそれを目指して努めていくことになるでしょう．このときひとりひとりの科学者がおく，ジグソー・パズル完成に向けてのひとつひとつの手は，もちろん重要なものとは思われないかもしれませんが，しかし全体として見れば，科学的な企てはつねに世界を変えてきましたし，それをさらに変えていくように動いていくことになるのでしょう．

実際上の応用が役に立つものである限り，疑いもなく科学者たちは，その成果と貢献について，広い立場に立って誇りというべきものをもつでしょう．しかし，逆の方ではどうでしょう．私たちは科学の間違った使い方や，あるいは科学のもたらす不幸な結果について，その責任の一端を背負うべきものと考えなくてよいのでしょうか？

ごく一般的な対応は次のような線に沿っています．もし応用数学者たちや技術者たちがあまりにも私たちの身近にいるために，私たちが彼らに直接非難の矛先を向けられないとすると，その利用を許す政治家の方へ非難を向けていくことになります．民主主義の中では，当然政治家は，理論的には民衆のためにはたらいており，一方，ひとりの科学者は，一市民としての個人的な力の及ぶ中で，公共のために力になろうとしています．

創造的な研究に従事する科学者と，一市民としての科学者を区別してみようとするのは，私が思うには，あまりにも割りきった考えであり，また逃げ道をつくっておくような考えです．私は，科学者たちは，科学を最善の仕方で用いることと，有害となる結果は最小限に止めるようにすることに，ふつうの市民にはない，非常に特別な責任をもっていると信じています．私はここで，科学者たちがなぜ特別な役割と義務を負っているかの理由を挙げてみたいと思います．

（1） まず最初にモラルに対する責任について取り上げてみたいことがあります．もしあなたが何かを創造したならば，あなたはそれがもたらすものについても関わっていくべきです．その科学的発見に対して，子供をもったと同じような気持で向き合うべきです．
（2） 科学者たちは，ふつうの政治家や市民たちにくらべれば，技術的問題についてはずっとよく理解することができます．その知識は責任を生んでいくことになります．
（3） 科学者たちは，いつ生ずるかもしれないような偶発的な問題を解決するための技術的な忠告と助力を提起することができます．
（4） 科学者たちは，最新の発明から生ずるかもしれない未来における危険性について，警告を発することができます．
（5） 科学者たちは，自然の境界を乗り越えて，国際的な友愛社会をつくっていくことができます．そしてそれは人類の利益についての大局的な視点を得るように築き上げられていきます．
（6） 最後に，一般人の中から科学への反発心が起きるようなことは絶対防いでいかなくてはなりません（「私たちは地球を破壊したり，怪物をつくったり，すべてを吹きとばしてしまうような狂った科学者たちにストップをかけなければならない」という叫びです．）．科学者たちの利己主義に対しては，公の議論には十分耳を傾けることが要求され，また「人民の敵」と見なされるようなことは，絶対あってはならないことが求められています．

　私がこの最後の論点に利己主義をおいたことは，それは倫理的な基準としても最低なものだと思ったからです．しかし，順応性のある良心をもっている人にとっても，また広い倫理感をもって迷うことがない人にとっても，利己的な考えが介入してくることはあります．たとえ心の中では天使でないとしても，天使の側に立っていると見られることは，人と打ちとけ合っていける道をつくることになるでしょう．

　そのことから，皆様にどうか納得して頂きたいと望んでいることがあります．科学者たちは，たとえそれが自身の興味に過ぎないとしても，つねに社会的良心はもち続けていかなければならず，また政治的なプロセスに対しても，それが科学の使用・誤用と関係する限り，積極的にそれに関わっていかなければならないということです．現在のように複雑に入り組んだテクノロジー社会

においては，これは本当にすべてを包みこんでしまうほどの大切なことだといってもよいものです．

　ひとりの科学者は，科学的な政策の論議に加わることのできる一市民でもあります．またよく知っている知識を，公共の役に立てたいと，その論議に加わってみたいと思っている人たちもいます．そこではたぶん非常に熱中させてしまうような仕事があるでしょうが，しかしそこにはまたいくつかの障壁が立ちふさがって，自由に語ることが難しくなってきます．秘密にしておかなくてはならないこともあるのです．大学の自由な雰囲気の中で教育され，それになれてきた人たちは，アイディアが何の束縛もなく行きかい，またそれを発表する自由が，科学の生命を守る血流となることを学んできました．そして知識が広がっていくことはよいことであり，また開かれた討論は科学的真理を確認する本質的な批判の場であることも知ってきました．不躾な批判にもなれてきます．ところが現実社会では，やりとりの基本は秘密なのです．そしてこのことは，多くの民主的な国の中でさえ，いろいろな形をとりながら，広く行き渡ってきています．

　最初にまず軍事機密があります．そしてかなりの割合の科学者，技術者たちが直接的，または間接的に，軍事研究に巻きこまれています．この場所で直接はたらいている人ならば，国の利害に関わるようなことはよく知っているでしょうが，その人たちは広く議論し合うような場所からは適当に締め出されてしまっています．その場所から移って，軍事に関わらなくなった後でも，口は閉ざしたままでいることが求められています．情報の自由さは少なくとも英国では，まだ米国におけるほどは緩やかにはなっていないようです．そのため，一般の人たちに伝えることのできる技術的な知識を十分もっているような人たちに限ってだけ，そのような活動が許されていないという奇妙な状況が起きています．国民が，政府の宣伝とメディアの狂奔のまじり合い——多少理解しにくい結びつきですが——の中で育てられるということは，それほど驚くことではなくなっているのです．

　したがってひたむきに研究に励む科学者は，責任ある一市民としても，軍事

に関わるようなものからはできるだけ遠ざかっていようと決めることになります．しかしそう思っても，実際は考えているより，これははるかに難しいことなのです．実際，ある研究が何か間接的な形で国防省で用いられるか，興味をもたれるというようなこともあるからです．それでも市民のためを目指す会社，たとえば人々を殺すより人々の生命を保つ仕事を製薬会社でしている人たちは，そこで辛抱してはたらきながら，市民のためにはたらいているのだと確信しているでしょう．ここには人道的な高い目標がおかれています．しかしそれとは裏腹に，仕事の内容を秘密にしておくことは，軍隊だけの特権というわけではなかったということも悟るでしょう．特許のために商業上の秘密を守る戦いは，本当に熾烈なものです．たぶん「発表するか，さもなければ消えるか」は，アカデミックな社会のスローガンとなるものでしょうが，商業社会ではこれにかわって，「発表すれば，消される」となる方が，一層起こりやすい状況のようです．バイオテクノロジーの最近の研究が示す，危険の中にひそんでいるよい効果について，非常に懸念を感じている一般の人々に，それを説明できるような，バイオテクノロジーのとびきりの秀才でも，その秘密を明らかにすることについては真剣に考えてから立ち向かうべきです．しかもその発言は，商業上のことも配慮した上で行なわなければならないものかもしれず，結局，あまり興味のない情報だと受けとられてしまうようなことにもなりかねません．

　もし軍事と商業の世界が，あまりにも秘密にこだわりすぎるならば，公共に向けてのサーヴィスはどうなるのでしょうか？　確かにそれらが人民の奉仕者としてのものならば，もっている知識を公共の舞台の上で自由に示すことができるはずです．これは市民の側からは望ましい希望なのですが，しかしあまりにもナイーヴすぎるのです．市民の召使いであるべき公僕は，「人民」に対する責任はただ間接的にだけ負っているにすぎないのです．大臣たちと政府との間によく起きる心配事は，彼らの間で起きるごたごたをどうやって切り抜けていくかということです．科学の真理は，政府の政策の助けにはならないかもしれませんが，それでも押さえの役くらいには立つでしょう．真の「公僕」の人たちは，いつでも危急の場面に直面すれば，すぐにラインの外へと一歩足を踏み出します．このような「公共の利益のための行い」は，ふつうは法律上の守

備範囲にあるとは認められていないものです．

　これからどうなるか気がかりな科学者にとって，すべての道がお先真暗のように見えているとしても，研究生活に留まる以外の有望な選択肢などもっていないでしょう．そのようなときは，このインペリアルカレッジの学長のところへ行って，「私はここにいるのが好きです，ここにいつまでもおいてほしい！」といってみてもよいでしょう．そして学長も，ともにはたらく一員なのですから，少なくとも心の中にあることは学長に自由に打ち明けてみてもよいと思います．あるいは核兵器や，DNAの特許化や，あるいは北海における石油堀削装置の放置に対して，その場でののしってみることもできます．しかし，研究資金を実際出してくれているのは誰かということも，同時に注意深く確かめておかなくてはならないことです．大学は非常に多様な資金源をもっており，学長にしてみれば，誰かスタッフが，差し延べられてきた手を，いつも咬みついてばかりいれば，時には気がかりになることもあるかもしれません．学長はそんなとき，そのスタッフをオフィスへ招き，まず慇懃にその考えに同感を示し，またどのようにして学問の自由を保ってきたかなどを問いただした上で，公での発言は，もう少し慎重に，用心深くした方がよいとつけ加えるでしょう．

　たとえ公的な制約から離れ，あるいは経済的なしがらみから抜け出したとしても，なお科学のエリートたちに向けてはたらく微妙な社会からの圧力があります．それは環境問題の議論や，メディアとの議論の中で，もっとも明らかなものとなります．そこでは「私たちが一番よく知っている」症候群といってもよいものが現われてきます．もしこのような論争的な科学の話題に対し，権力の線が引かれていると，一科学者がその話題に向けて公に問題提起をすることなど試みても，結果は哀れなことになってしまいます．抗議行動や，一般新聞は，注意を引きよせようとして，どうしても誇張した方向へと走っていきますから，それらは真面目な考えとして取り上げられる価値はないとされる傾向にあります．そんなときでも，ためらいながらでも，そこに何かよい点を見つけたいと乗り出す科学者は，無秩序の群集に勢を与えていると，同僚たちに見られてしまうことになります．

ここまでは自由に話せることの限界を示しましたが，そろそろ本題へと戻らなければなりません．科学者たちが関わらなければならない主要な核心となるべき問題は何か？　科学の応用が危険なものとなってきたのはどの領域か？　そして私たちが，避けて通ることを試みなければならない未来に横たわる脅威とは何か？

　科学が潜在的な破壊力への影響を深め，そして次の世紀を支配するような大きく広がる問題を残している3つのおもな領域があります．それを見極めることは難しいことではありません．

　最初に，大量破壊兵器――核兵器，化学兵器，生物兵器――によって引き起こされる，恐るべき軍事的脅威があります．これらの兵器は，その破壊が恐しいほどすさまじいものになるというだけでなく，科学が破壊に関与したことははっきりしています．弓矢には科学はほとんどありませんが，原子爆弾の中には確実に科学があるのです．

　第二の破局，それは潜在的なものでありますが，少なくとも科学のドアのところにはおかれています．それは世界の人口増加です．健康管理が改善され，多くの病気が治癒されるようになったことは，明らかに医学研究の成果によるものです．子供の死亡率が減少し，平均寿命が劇的なほど改善されてきたことは，人道主義者にとっては大きな勝利でした．しかしこれによってもたらされた世界人口の急激な増加は，私たちの上に大きな問題となってのしかかってきています．このことが引き起こしている社会，経済，環境への圧力は，誰の目にもはっきりと見えています．そして私たちはいま，地球が支えきれる極限状況へと，急速に近づいています．

　最後に，科学と技術の進歩で可能になった，生活スタイルの改善が引き起こした環境悪化の問題があります．自動車はもっともわかりやすい例となっています．可動性と便利さで，個人個人に対しては非常に役立つものとなっていますが，全体として見れば，排気ガスによる環境汚染と，渋滞で街をふさいでしまうという結果を引き起こしています．

　もちろん人口爆発は環境問題を加速させ，この問題の一端を担っていると見ることもできます．

　これらの非常に大きな問題が，注目すべき20世紀の終わりに至って，人類

が直面する最大の課題となったということは否むわけにはいきません．科学がそれらを生み出すのに果たしてきた役割を否定することなどできないでしょう．驚くようなことですし，また多少憂鬱にもさせることは，選挙キャンペーンの中で，政治家たちはいつもこれらのことをまったく無視しているように振舞っていることです．これがこの国の上ではたらいてるといわれている民主的プロセスの悲しい現実なのかもしれません．たぶん科学者としての私たちの責務は，一般の人たちにも，現在世界が直面している問題は，私たちの視野の中にも入るごく小さな狭いものではなく，その対極にあるような大きな問題であることを想起してもらうことです．

これからすべての人々の上に，なお最大の脅威を与えている核兵器の問題について，少し詳細に論じてみようと思います．このことについて，過去五十何年かにわたる歴史をこれからまずふり返っておくことも，役に立つかもしれません．

よく知られているように，このことについて最初の動きがあったのは，一流の科学者たちの中からでした．最初の仕事は，1939年にオットー・ハーンが，ニュートロンによる爆弾は，ウラニウム原子を分裂させることを示したことでした．この後，英国ではフリッシュ*とパイエルス**，米国ではアインシュタインとシラードがそれぞれ政府に書簡を送り，この結果には軍事的な意味があることを示唆しました．たまたまこのとき英国の官僚に面白い反応がありました．官僚は，「外国の敵」として，フリッシュとパイエルスの研究が生み出したトップシークレットを，彼らに見せることを最初は拒んだのです．

これに続く歴史として，広島，長崎への原爆投下へと導いた，ロス・アラモスにおける「マンハッタン計画」についてはよく知られています．そして科学者たちのモラルのジレンマのまわりにも，多くの渦が巻いていました．ドイツ人と日本人が原子爆弾の製造に成功するかもしれないという重要な可能性があったという限りでは，英国と米国がそれに先がけて緊急につくる必要性があるということは，やむをえないことだという考えもあったようです．しかし1944年までには，ドイツにおける努力は，ごくわずかしか達成されておらず，

---

*　フリッシュ　オーストリア出身の物理学者．
**　パイエルス　ドイツ出身の物理学者．

戦争に使うには時間的には無理であったということ，そして日本は，それよりさらに遅れているということも判明しました．この事実が，ロス・アラモスにいたひとりの物理学者ジョセフ・ロートブラットにそこから引き上げさせていく契機を与えることになりました．彼はこの計画から手を引き，一層平和な科学に専心するようになりました．その後彼は，原子爆弾の危険を制限しようとする試みに人生を捧げました．50年以上あとになって，ロートブラットに，ノーベル平和賞が授与されました．そのときにはすでにそれは彼にはふさわしいものとなっていたのです．

しかしここでまた1945年と，その後に起きた余波へと話を移していくことにしましょう．戦いが終わって数年間は，核の脅威をくい止めようとする，真剣な試みがなされてきました．しかし国際関係の中に横たわっていた，相互の間の深い不信感は，一切の同意を阻む結果になってしまったのです．この失敗は，驚くような激しさで，軍拡競争への引き金を引くことになってしまいました．そしてそこには科学とテクノロジーが，この核戦争へ参入してきたのです．現代のコンピュータと，情報交換の技術力がそこに加わって，ミサイル技術は，ボタンひとつで一瞬のうちに世界を破滅させてしまうような究極兵器をつくり上げてしまうことになりました．

たぶん政治家たちと将軍たちがおもな非難を受けなければならないのでしょうが，それでも多くの科学者たちと多くの技術者たちもまた，この動きの中で熱心なパートナーの役をつとめていました．すぐれた物理学者エドワード・テラーは，後にまわって水素爆弾の開発を最初に推進させた人でした．そして彼は，軍の設備にも最新の技術を真先に取り入れるように促し続けていました．ミサイル迎撃システムにも，多くの技術者たちが関わっていましたが，それには「スター・ウォーズ」という悪名がつけられました．

この流れに包みこまれていた科学者たちは，国家のため，国の安全を強め，敵を思い止まらせるために，自分たちは動いているのだと考えていました．これらの科学者たちの，しだいしだいに深入りして複雑なものとなってきた軍のプログラムに対する助言や激励は，これを外から見ていた科学者たちからは，単に自分たちのためだけの利己的な動きにすぎないのではないか，と見られるようになってきました．実際そのような活動に対して，科学者たちには，地位

と信望と資金が与えられていたのです．多くのすぐれた科学研究には，米国の国防省の予算から気まえよくふるまわれており，そのような助言を拒絶することは十分な自制を必要としました．私には嬉しいことに思えたのですが，この英国では，多くの科学者たちが「スター・ウォーズ」の助けで積み上げられた米国の研究基金を受け取ることを，公に拒絶してしまったのです．実際は当時の英国政府は，かなりの圧力をかけて，この基金を受け取ることを奨励していたのです．このことは，科学者たちは，モラルの基本に戻って立ち上がることが可能であることを示しているだけではなくて，科学者たちのこのような行動は，一般の人たちの科学者を見る視点にとっても大切なことなのです．

このような軍備拡大競争の中で，数年前には，世界に住んでいるひとりひとりにつきTNT爆弾2トンに相当する爆発力をもつ核兵器の開発が行なわれていました．もしこのような兵器のほんのひとかけらでも使われるようになったら，広島の崩壊など，まったく色あせて見えてくるかもしれません．もし人類が次の1000年を何とか生き残り続けることができたとするならば，そのとき人々は，20世紀後半という時代，あのときは私たちが集団自殺の一歩手前まで行ったときだったのだ，とふり返って見るかもしれません．

幸いなことに，私たちはよい方向へと動きはじめているように見えます．何年間にもわたる辛酸を重ねたさまざまな交渉も，この10年間は比較的円滑に進むようになってきました．そこで得られた国際合意に基づきながら，多くのタイプの核兵器は，装置が取り外されました．2, 3年以内には，このような兵器類の総量は，ピーク時の5分の1にまで減少するでしょう．

ゴルバチョフにはじまり，ソヴィエト連邦の分裂へと進んでいったヨーロッパにおける政治の変革は，この流れを進めやすくしてきましたが，政治上の対立がしだいに深まってくるにつれ，最初の動きはしだいに難しい状況を迎えるようになってきました．この頃から多くの複雑な交渉に科学者が加わるようになってきたことは，とてもよいことでした．この科学者の一部の人たちはパグウォッシュ会議＊を通して活躍しました．この会議には，議長ジョセフ・ロートブラットとともにノーベル平和賞が授与されました．この中に加わっていた

＊　パグウォッシュ会議　　1957年にカナダのパグウォッシュで第一回会議が行なわれた，核兵器と戦争の廃絶を訴える国際的な科学者会議．

ひとり，ルドルフ・パイエルス卿は，オックスフォード大学における私の長年の同僚で，核兵器の展開のはじめに携わった人でした．彼は良心が行動をふるい立たせたよい例となってくれました．

　核兵器の保有量を減らしはじめる動きが進んできたことと，政治状勢の変化によって，しだいに流れはよい方向へと進むようになってきました．核兵器そのものが大きく取り上げられることもなくなって，多くの人たちもそれが差し迫った危険であるとは感じないようになってきました．しかしそれでもいまも存在している核兵器は，なお潜在的な大きな危険性をはらんでいます．先見の明のある人たちは，現在さらに新しい行動を起こそうとしていますが，政治的な緊張感は薄らいできています．キャンベラ会議は，政治家，将軍，科学者たちと，経験豊かな優れた人たちが一堂に会した国際会議でしたが，この会議では，核兵器廃絶に関する本格的なプログラムが議論され，そのレポートが作成されました．私はこのレポートは，先の見えない理想主義者たちがつくったようなものではないことを強調しておきたいと思います．この会議には，ロバート・マクマナラ（元米国防長官）やリー・バトラ将軍（元米国核戦略軍司令官）のような人も含まれていました．そこで示された提言は，よく考慮された現実的なものであり，核の引き起こすカタストロフの可能性は，いつかは除きうるという道筋を示したものとなっていました．私はこれは誰にとっても重要な文書であるとして推薦しておきます．私がそのようなことを思うのは，政治の指導者たちが，選挙が終わり，もう一度真面目な仕事に戻ることができたときに，彼らの気持がこの提言に向けられることを望んでいるからです．

　私は以前休暇期間に，シカゴのエンリコ・フェルミ研究所の客員研究員として過ごしたことがありました．よく知られているように，フェルミは偉大な物理学者で，核融合の実験に関するパイオニアでした．この彼の名をつけられた研究所の部屋からは，研究所の庭を一望の下に眺めることができました．そこにはヘンリー・ムーア*による力強い堂々とした彫刻が立っていましたが，それは原爆のきのこ雲をシンボル化して表現したものでした．私の世代の人たちは，この雲の漂う影の中で，人生の大半を過ごしてきました．次の世代の人々

---

*　ムーア　　Henry Moore (1898-1986)．抽象的な作品で知られる英国の彫刻家．

の生活から，この影を取り払うために，私たちはできるだけのことはしなくてはなりません．

　私が前に大量破壊兵器に言及したとき，核兵器と並んで，化学兵器と生物兵器にも触れました．もちろんこれらもすべて科学に基づいています．そしてそのすべての段階で，科学者たちはこれらのことに深く関わってきました．幸いなことに，世界はすでに化学兵器と生物兵器からは手を引きました．それらの使用を一切禁止する国際的な条約があります．そしてすでに備蓄していた国は，それらをすべて破棄することを約束しました．（これについてはなお米国議会では批准が待たれている段階です）．どんなに隠れて内密に行なっている研究や生産に対しても，それを止めさせることを目的とした制約規準や確認作業などのプランをつくっていくことはできます．しかし残念なことに，この種のチェックを実際行なうことは非常に難しいのです．軍事目的のために使われるこのような兵器の仕様は，ふつうの商業用のものと大きく違うことはありません．核兵器とは違って，そんなに大規模な研究室などは必要とされないので，外部からの検証は非常に難しいものとなるのです．さらに化学産業や医学産業において，平和目的に必要とされるさまざまな研究の間にはっきりと区分ラインを引いて，軍用目的に転用されるようなものから，区分けしておくようなことは，時には非常に難しいことになってきます．

　科学者たちは，専門性に徹した人からなっており，化学兵器と生物兵器についての複雑な国際条約の作成のときには，これに深い関わりをもってきました．さらにこれらの条約の履行にあたっては，いつも将来のモニター役として必要とされてきました．それは単に科学者たちが，正式な検査官として任命されて，つねに目を見張っておけばよいということでは済まされないことです．検査官たちの軍勢だけで，必要なだけ詳しく，適切に監督していくためには，世界はあまりにも大きすぎる場所なのです．私たちはひとりひとりの「警笛をならす人」，つまり取り決めが破られていないかチェックし，必要に応じて国際的な関心を呼び起こす科学者の人たちに頼らざるを得ないのです．これに似たような事情は，発見が難しいような核兵器の小規模な違反についても生じて

きます．

　この「警笛をならす」というひとりひとりの科学者の役割は，世界市民が受け入れられる範囲内で，そのような活動が許される法的・社会的枠組みの中で行なわれるものです．私がすでに述べたように，多くの国ではないとしても，民主的な国であってさえも，市民が話してよいことに対しては必要最低限の自由しか認めていないところもあります．たとえその暴露した内容が，その国が国際的に果たすべき義務に違反していることを明らかにするものであったとしても，政府の秘密を洩らしたということで，それに対してはいろいろな罰が与えられるでしょう．

　ひとりの市民の良心は，もしあることが非常に広い国際的な利に適うものであると知ったならば，その国の法律に反しても，そこに向けて走らせてしまうことがあるかもしれません．しかし必ずしも私たちすべてが殉教者となることを望んでいるわけではありません．私たちは，自分たちの政府に対し，国際的な合意をしっかり守るようにするため，努めている人々に対し，必要な保護を強く求めていくべきです．一般的に，このような情報開示によって告発された人々に対しては，明らかに「公共の利益」に立った側からの擁護があってしかるべきです．何といっても知識を創造し，それを普及させることを仕事としている科学者たちは，言論の自由をより強く望んでいるこのような人たちの最前線に立つべきです．

　大量破壊兵器は，科学的良心の究極的なテストとして私たちに向き合っています．しかしこれ以外のところで科学が戦争の中で果たしてきた役割については，ほとんど見て見ぬふりをしているようです．ナパーム弾を発明したのは，たぶん化学者でした．それは生きている人たちを焼き殺すためのもので，中世に人々を柱に縛って火刑にしたのより，もっと手のこんだものでした．対人地雷は，走りこんでくる侵入者たちの足をふっとばすようにつくられた，もうひとつの大きな発明でした．さらに頭のよい科学者たちは，それまでのやり方ではつくれなかったような地雷までつくってしまいました．それは表立った戦争が終わってしまった後になっても，いつまでも危険を残すものでした．ダイアナ妃は，このいつまでも続く悲劇の悲惨さを大きく取り上げられました．彼女のキャンペーンが，私たちの国はもちろん，すべての国の上にも，このような

地雷を用いたり，売ったりすることのないよう，強い抑止力となってはたらくことが望まれます．

　私たち科学者たちによってつくられた新しいこのふたつの兵器の例は，その兵器の性質上，私たちの良心を揺るがすものとなっています．しかし兵器の製造を全体として見れば，いまでも新しい，より恐しい兵器へ向けて絶えざる研究が進められています．実際その中には科学社会のかなりの部分が含まれており，そこから大きな道義上の問題が生まれてきています．世界の多くの国は，多額の予算を本質の目的からはずれていくような方向で，軍事費として使っています．このような悪い傾向は，先進工業国でとくに著しいものがあり，私たちが毎日のように聞く話となっていますが，それに反して健康と教育に対する日常的なサーヴィスは絶えず締めつけられてきています．しかし目を転じてみれば，世界の貧困に苦しめられている国々では，その状況は底なしのように悪化していっています．そこでは生活の最低必需品が欠乏しており，大多数の人たちは，栄養失調と健康不良とに絶えず苦しみを味わっています．それでも政府はお構いなしに，高価な軍用機材を買い求めるためにとびまわっています．

　私の気持ちの中には，富める国々が貧しい国へ武器を輸出する国際的な貿易こそ，まさにその国に私たちの良心を苦しめるような悪を与えるものだという想いがあります．実際，武器貿易の悪と，これが世界の多くの場所で紛争を巻き起こしていることはよく知られています．それは私たちの家庭のテレビ画面上にも映し出され，それを見て，どうしてこんなことがまだ起きているのだろうと驚かされます．世界における富める国の輝ける国民である私たちに，果たして武器輸出を禁止したり，コントロールすることなどできるのでしょうか？

　厄介なことは，すべての倫理的な問題と同じように，私たちの良心は，私たちが（たぶんよくない方の）興味をもって目の前に見ているものによって，くつがえされてしまうということです．私たちの軍事産業は，先端技術による高価な武器の開発も含めて，そのコストに見合うだけの大きさのマーケットを必要としています．私たち英国においては，EUの国々と，その重荷を背負いあっています．しかしなお国際競争は大きな要素となっています．私たちは一層広い範囲へと目を向け，そして私たちの武器を，以前の植民地や，影響の及ぶ範囲の国々へおしつけようとします．この競争では，歴史的・経済的・政治的

な要素が，すべてひとまとめになって私たちと結ばれている国を，貿易相手としてもつことが明らかに助けとなります．これらの国々の多くは，排他的な派閥政治によって，あるいは少数独裁によって動いているのかもしれませんが，これらの国々の力と存続は，一方では私たちの援助によって可能となっているのです．

　私はここで改めて強調しておきたいことは，「私たち」という言葉を使うときは，単に私たちがこの問題に首をつっこんでいるという意味なのです．私は，それがもっぱら英国の陥っているジレンマであるとにいっているつもりはありません．私たちの仲間である，フランス，ドイツ，米国，ロシアでも同じ状況なのです．

　ときどき次のようなことが新聞の見出しにのることがあります．「何百という戦車や飛行機を売りこもうとする大きな取引きがつぶれそうになったので，外務大臣がそのことに乗り出し，われわれの工場でその仕事をすることを確約するために飛び立った．」ここでは，売ることに対する倫理は二の次で，問題となるのは雇用の観点と，経済的な利益だけです．時には管理組織の中での人間的な権利を守るために，小さな批判が起きることもあります．しかしこのような批判は，国益へと訴えることによって，蔽い隠されてしまいます．

　直接的または間接的に，軍事産業ではたらいている科学者——彼または彼女——は，従事している仕事の最終目標に不愉快な感じを抱いているかもしれません．しかし全体のプロセスの中の末端としてはたらいているときには，一体何ができるのかを見分けることは難しいことなのです．あるいは決心すれば，軍と関連するものからはっきりと手を切ることはできるかもしれません．それでもある分野では，市民のための研究と，軍のための研究とをときほぐして分けることは難しいことがあります．もしコンピュータや情報関連の仕事をしているならば，そこに軍に関係するものが少しも入ってこないなどということは，ありそうにもないことです．

　このことすべては，科学者たちが「軍産複合体」にどれだけ取り込まれているかに光を当てています．この言葉を投げかけたのは，将軍から政治家へと転じたアイゼンハウアーでした．明らかに彼は自分が何をいっているかを知っていました．彼は，軍事的必要性が産業のインフラ構造と結びつくこみ入った網

目のことを言っていたのです．科学者たちは，その結びつきの核心におかれていました．

もちろん科学は，軍と産業の二方面からの援助で，大きな利益にあずかっています．科学のある分野では，ほとんどまったくこの援助に頼りきりのところもあります．単にこれは研究費を潤沢にさせてくれるというだけでなく，それに関わっている科学者たちの地位と自己評価を高めさせることにも役立っています．私たち科学者は，誰でも自分が重要な人物であると感じることを好みます．個人のエゴを高めるのに，「トップシークレット」と記された何冊かのファイルほど打ってつけのものはないのです．

しかし，この科学社会と，軍産複合体との住みごこちのよい関係にも，払うべき代価はあります．まず相手は疑わしい会社ではないのか，また何か望ましくないものに使われていることを黙認しているのではないか，という良心の問いかけがつきまとってきます．次にこれがまさにもっとも重要なことになるのですが，このようなことに伴って生ずる自らの独立性の喪失，また科学に向けての純粋な目を曇らせてしまうという事態が生じてきます．一方では，私たちは好んで，科学は人類の豊かさを目指す真理の探求であるといっています．しかしまたその一方では，こっそり隠れるようにして，死や破壊を扱う人々と，手を取り合っているように見られています．私たちは，社会に対してもっとも果たさなければならない役割をすることがしだいに難しくなってきて，いつの間にか社会からの信用と，民衆からの信頼を失なってきているのかもしれません．

私に与えられた時間の中で，少し多くの時間を軍事とのジレンマに割いてしまったのかもしれません．しかし私が最初に示したように，それ以外にも，科学がそこに巻きこまれ，そしてそこで科学者の良心が確かめられなければならないような，まだ多くの分野があります．軍事関係はもっとも極端な場合ですが，科学と産業の間にも，分野によっては緊張を高めているものもあります．

私たちはこれから環境と汚染の問題をまとめてひとつのものとして，その分野へおもな関心を向けていくこととします．科学は技術を生みましたが，その

副産物として，私たちの環境を悪化させてしまいました．それならば，汚染を防ぎ，散らかっているものをきれいにしなければなりません．

たとえば原子力を考えてみます．多くの点で，これは私たちのエネルギー需要をまかなうための理想的な手段です．原子力は長期にわたって維持できますし，地球温暖化で私たちを脅かすようなこともありません．それでも多くの国では，原子力プラントの計画は，人々の反対に直面して，劇的なまでに削減されてきました．どうしてこうなったのでしょう．これについて建設計画に携わっている公的機関の見解は，「緑の運動」が，人々を間違った情報による動きへと誘ったからだということでした．いくつかの原子力事故，とくにチェルノブイリは，すぐに取り上げられ，非常に大きく伝えられました．科学的・技術的な大きな好機は失われてしまいました．慎重さに欠けた扇動者の人たちが，公衆の恐怖にのって動いたのです．

この構図には，ある真理が含まれています．しかしこのときほとんど顧みられなかったことは，一般の人たちの，科学共同体に向けての信頼がほとんど失われてしまったということです．科学者たちは，軍や政府や産業の中に巻きこまれたことによって，すでに頼りにされなくなっていました．過去の秘密や，公開をためらうことなどは，科学者に対して疑いを抱かせ，また敵意さえ生むようになりました．安全性の主張は，容易には受け入れられなくなったのです．

現在でも十分には解明されていない核燃料処理についての技術的な問題と，核産業全体に向けての大きな困惑が残されたままになっているということも，やはりここでいっておかなくてはなりません．誰でも知っていることですが，中間レベルの核廃棄物を，地底深く岩盤の中に埋めておくということについて，それが本当に長期間安全なものかどうかという議論は，絶え間なく続けられています．(この問題を取り扱う責任ある機関である) NIREX* の計画は，現在慎重な調査を受けています．しかしこのプランは，すでに耳に入っているかもしれませんが，ジョン・ガマー** によってくつがえされてしまったようです．

---

* NIREX　　Nuclear Industry Radioative Waste Executive（原子力産業放射性廃棄物管理会社）．
**　ガマー　　John Gummer（1939- ）．英国の政治家．

いくつかの放射線物質のもつ長い残存期間のために，何千年もにわたって埋蔵された廃棄物の中から漏出する地下水が引き起こす汚染が問題となり，これについて大きな議論が湧き上がってきています．このことはたとえば，次の氷河期における地質学的な影響にも配慮しなくてはならなくなっているのです．化学，地質学，そしてそこに流体力学も含めて，それぞれに必要なタイムスケールにわたって，何が起きるかを予見することは非常に困難なことです．このように気の遠くなるほど長い期間にわたって起きることについては，急進的な環境学者たちが出てくる幕ではないのです．

　物理的なプロセスを，たとえば10万年以上にもわたって予言することは難しいことです．しかしそれとくらべれば容易なことだということになるかもしれませんが，100年たった後には，私たちの科学的知識がもっと増え，始末に困る核廃棄物をどのように処理すべきかを知るようになっているかもしれません．このような考えに基づいて，いつも私は，核廃棄物の深所への処分は回収可能なようにしておくべきだと思っています．そうすれば私たちのあとの人たちは，よいアイディアが得られた暁には，核廃棄物から容易に放射性物質を抜きとることができるでしょう．私にとっては嬉しいことですが，今ではこの考えが受け入れられているようで，NIREXの最近の文書の中にも記述されています．

　このことは，本来そこに備わっている科学的不確実さを認め，それにしたがって計画を立てていくようなひとつのケースであるように見えます．

　世界人口の急増から生ずる状況も含め，環境の悪化は，そのもともとの源を科学の中にもっているのかもしれません．科学はこの解決に向けて力を尽くさなければいけないのです．しかしこの問題は，経済，社会，政治状勢のすべてを含んでおり，広範で複雑な様相を呈しています．科学者は単に政策上のプロセスに関与するだけで，その成り行きを見守り，そのよい影響を望むことになります．問題を解決するだけの専門的な知識をもっているのは科学者たちだけでしょうが，世間の注目を受けながら，一方では彼らの考えをもちこもうとすることに反対する強い圧力の下で，その知識をはたらかすことは容易なことではありません．

　たぶんこのようなことは，私の個人的な経験の中からでも示すことができま

す．2，3年前，私が王立協会の会長であったとき，私は議会と科学委員会が主催する年1回の昼食会へと招かれました．それは大臣たちや産業界のリーダーたちを含む，数百人もが出席する催しでした．私はその場で，よい機会と思い，人々の健康，とくにもっとも危険の大きい若い世代の健康への関心から，タバコの広告についての話題を取り上げ論じてみました．昼食のあと，私よりはるかに社会経験が豊富な同僚が私のところへ寄ってきて，「勇気あるスピーチだった」と告げてくれました．私はとくにそのようなことは思ってもいませんでした．しかし私はこの件については，あまりにも幼稚すぎたのです．それから数週間ほどたってから，タバコ産業界が，これに対して，私に向けての中傷のキャンペーンをはじめてきました．その内容は，「事実を歪曲して述べたことで，王立協会の会長としての品位を傷つけた」というものでした．実際私は，このようなことが起こりうることは，統計学の同僚からも話を聞き，注意を受けていました．私は，広告業界の圧力団体によってなされる適当な詭弁についてもよく知っていました．何十年にもわたってタバコ産業は，科学的な証明を無視し，力で人々に圧力をかけるために，その広告に膨大な予算を使ってきたのです．私は，この広告にさらされ続けていた人たちの長い列の，単に最後に位置していたにすぎなかったのです．

　ひとりの科学者にとって，政治的なプロセスの中に包みこまれるということは，容易なことではありません．多くの方向から圧力がかけられてきます．そしてしばしば真理は犠牲となります．しかし現実から目をそらすようなことは決してできません．強い意志で，それぞれの場合に立ち向かって論じていくことができるよう，つねに備えていなければなりません．

　最後に私は，これまでの私のメッセージをまとめてみたいと思います．科学は私たちの生活のすべてに，ドラスティックな変化をもたらしてきました．そして科学者たちは，それに関わる道義的な責務を負っています．このことについて，私は，皆様に確認して頂こうと思ってきました．私たちは，科学が誤用されることのないよう，確実なものとなるよう努めるべきですし，また科学の進歩の中で，偶発的に生ずる不幸な副産物に対しては，その正しい解決を見出

すよう努めるべきです．

　私は，いままで私たちが直面している困難さを，過度に寒々と描いてきたのかもしれません．そこには，秘密主義と敵意にみちた軍事力，ヒステリックなメディア，悪い情報に惑わされる民衆，などがありました．あるいは私は，この講演が希望を失わせるようなものでないことを，改めてここではっきりと示すことによって，全体のバランスをとるよう心がけるべきなのでしょう．

　そのような方向としては，何よりもまず情報の自由と，秘密の開示を挙げたいと思います．本質的に，科学は，真理の発見と，真理の普及に関することです．そしてそれを妨げるものは，すべて排除されるべきものなのです．幸いなことに，情報の自由を押し進めている多くのグループがあります．私はこの方向では，米国にならうことができるのではないかと思っています．科学技術政策局では，今日，新しいガイドラインを刊行しています．そこでは政策づくりに科学的忠告を用いるときの仕方が，より明確に，透明性を考慮して述べられています．

　次に私は，科学者たちにメディアを育成していくことを促したいと思います．科学についても十分教育された知的なジャーナリストたちや，放送局の人たちは，一般の人たちにさまざまな情報を伝える役目をしてくれており，科学的な共同社会への橋渡しの役を担ってくれています．しかしこの人たちには職務を全うすることが非常に難しいような場所があてられています．実際，彼らの上司は，議論をよび起こすような大きな見出しとなるような記事を好みます．しかしそうかといってそのことが，知的なジャーナリストの人たちが，科学的な共同社会から追い払われたり，また悪口をいわれたりする理由にはなりません．私たちは，科学的な事柄が，適当な形でみんなの前に開示されるような日がくることを，ひとつの共通の目標としておいています．

　いままで私が話してきた中で，悪意ある軍事に触れたときや，タバコ産業についての私の余談では，すべての実業家は悪者で，私たちのもともとの敵だと，あなた方を間違った方向へと導くようになってしまったのかもしれません．しかしそれはそうではないのです．たくさんの啓蒙的な経営者の人たちは，十分広い見解をもっておられ，公共の利益というものは，必ずしも会社の利益とは共存するものではないということを，よく知っておられます．それで

も制度上，または経済上の面からくる圧力は，そのような視点に立った仕事を難しいものとしており，科学者を含む外部からの応援を必要としています．

最後に私たちの目を，悪い情報に惑わされている民衆——いいかえれば「人々」(the people) へと向けることにします．確かにあるときには，無知や間違った情報や偏狭な信念によって引き起こされる一般民衆の一連の行動が，科学や科学の商業への応用にとって敵対するもののように思われることがあります．私たちは，このことを嘆かわしいことだと受けとってしまうかもしれません．しかし私たちはそれに目をつぶって，知らないままで通るわけにはいきません．私たちは，無知に向かって，ベストをつくして立ち向かっていかなくてはならないのです．人々の意見がもっと建設的な方向へと向かうように，強く導いていかなければなりません．政治と産業の中には，本質的なところから湧き上がってくるような民衆の圧力には，十分応えられるような既得権限があります．これは民主的な社会には，まったくふさわしいものであり，そして官僚と財政面からの力に対し，それと均衡を保つような力となってはたらきます．科学者たちは，人々の側に立つべきです．

第 2 部

数 学 と 社 会

数学とコンピュータ革命

"Mathematics and the Computer Revolution"
1984 年

1. 歴史的展望

　この 1984 年というオーウェル*の年は，私たちが人類の過去，現在，未来を見，そしてとくに，科学と社会の間の絶えず変わり行く関係を省みるために用意された，まさに格好の機会を与えています．ジョージ・オーウェルは，「二重思考(ダブルシンク)」** のもたらす多くの政治的危機，また政治目的のための真理の曲解を，強烈でドラマティックな効果をもって正確に叙述してきましたが，一方，彼は，私たちのために貯え，備えられてきた「科学」が社会にもたらした驚くべき変化に対しては，少し過少評価していました．私たちが現在直面している最大の問題は原子爆弾の存在であり，また文明を破壊するようなおそれを含んでいる私たち自身の可能性にあります．しかしたとえこれらの問題が解決されたとしても，そのほかの多くの挑戦は残されたままです．そしてこれらの中でもっとも顕著なものはコンピュータ革命です．

---

*　オーウェル　George Orwell (1903-50)．英国の小説家・批評家．1949 年に，言語・思考までを含めた人間のすべての生活が，全体主義に支配される世界を描いた未来小説『1984 年』(*Nineteen Eighty-Four*) を発表した．
**　二重思考　doublethink．『1984 年』に登場する，オーウェルによる造語．ふたつの相矛盾する信念を，両方とも正しいものとして受け入れることを指す．

これからの見通しの上でも，効果の上でも，産業革命と比較されるような経済的・社会的革命の上に，私たちがいままさに乗り出しているということは，誰でも認めていることです．このふたつの革命の間には，多くのアナロジーもありますが，一方多くの重要な違いも存在しています．それはとくに変化のスピードにあります．産業革命が進展していく様相は，ふつうは世紀単位で測られますが，コンピュータ革命では，10年単位でその進む度合を測ることが適当であると考えられるようになってきました．人間の寿命の幅は基本的には変わっていないのですから，コンピュータ革命の効果が，社会的な時間の中でますます速く先鋭化していくと，それと私たちが折り合いをつけていくことは，いっそう困難なこととなっていくでしょう．

　私は，経済学者でも社会学者でもないので，このような問題や，またさらにこれらの分野における発展について詳しく論ずることは，ほかの人に任せることにしたいと思います．数学者として私は，コンピュータ革命がもたらすほかの局面と，さらにこれが前の産業革命と基本的にどのような点で違うかを，もう少し立ち入って検証してみることにします．18世紀，19世紀では，手作業から機械への緩やかな転換を見てきましたが，この20世紀では，知的活動の機械化を目の当たりにしています．**いまや余分となりつつあるものは，手よりもむしろ頭脳なのです．**このことは，私たちに向けてのこの挑戦は，いままでには考えられなかったような，まったく異なるものであり，したがって過去とのアナロジーを追うことはまるで誤った方向へと導くことになる危険性もあることを示唆しています．

　コンピュータによって提示された知的な挑戦は，現在の時点では問題のありかが現われはじめた段階であるにもかかわらず，しかしすでに遠くにまで及んでいると私は信じています．さらにこの挑戦は，確かに数学だけに向けられたものではなく，これからは明らかに人間活動のほとんどすべての中に入りこんでいくことになるでしょう．たとえば，私たちはすでに「エキスパートシステム」が，医学や，さらに法学のような分野にまで導入されてきたことを見てきています．そして，いま私たちが理解しているような医者と裁判官の役割は，たぶん次の世代までこのままの形で残り続けるということはないでしょう．このような方向に向けてのサイエンスフィクションが，現実に起きていく状況と

足なみを揃えていくことは難しくなっていくに違いありません．

　さまざまな分野における思考と知識のコンピュータ化について考えをめぐらしてみることは，非常に心が惹かれることではありますが，私はふたつの理由から，数学だけに考察を限ることにします．最初の，そしてもっとも重要な理由は，私自身が数学者であり，そして私はこの分野のことならば，直接に，ある確信をもって語ることができるということによっています．しかしそれでも，自分の知らないことまでも，専門家ぶって語るようなことは十分注意して避けるようにしなくてはなりません．さらに考察を数学に集中する第二の理由としては，必ずしもそれは正しいこととはいえないのですが，一般の人の目から見れば，数学はごく自然にコンピュータと結びついているという事情もあります．

　もちろんずっと早期の段階では，コンピュータサイエンスが数学に沿うような形で成長していき，そこではチューリングやフォン・ノイマンなどの有名な数学者たちが，先駆者の人々の中に加わっていたことも事実です．さらに，数学は，伝統的に基礎科学の中心を占めていることもあって，理念的な面だけから見れば，コンピュータサイエンスにごく近いところにあるという事情もあります．実際，時には軽いユーモアとして，「コンピュータサイエンスは，あまり楽しくもない大声で，数学の巣の中で鳴き叫んでいるカッコーだ」といわれることもあります．

　教育の世界においては，数学とコンピュータとは，たとえその相互の関係にいまは多少気にかかる点があるとしても，いまもまだ手をつなぎ合って進んでいます．大学においては，"Computing"と"Mathematics"とは，よく一緒になっているのが見受けられます．一方，高等学校までのレベルでは，コンピュータの授業はほとんど必ずといってよいほど数学教師に委ねられています．

　このようなすべての事態に対しては，数学者は，広く社会に向けて，コンピュータ革命によって引き起こされる，知への挑戦と危険性について説明する責任があると感じています．そしてこれがまさにこれから私が述べようとするテーマなのです．私がすでに述べてきたように，ここではコンピュータが数学それ自身に与えたインパクトについてだけに注目していくことにします．しかしそれでも基本的なレベルでは，私がこれから述べようとすることの多くは，知

的研究を行なっているほかの分野に対しても，多くの点で合致しているところがあると信じています．ですが，それが実際どの程度それぞれの専門分野，あるいは興味をもたれる分野に適合したものになっているかについては，ひとりひとりの判断に任せることにしたいと思います．

2. 数学と理論コンピュータサイエンス

　コンピュータの理論的な面における発展において，数学がいままで果たしてきた役割，またさらにこれからもまた続けていかなければならない役割についてまず述べてみることは，理解の助けになるかもしれません．数学がコンピュータに向けてはたらきかけている効果は，逆に数学自身にも大きな刺激を与えて，ふたたび数学へ戻ってきています．しかしこのこと自体はそれほど驚くことでもないでしょう．実際このような流れは，数学に稔り豊かな新しい方向の可能性を示唆し，数学自体を潤していくことになります．しかし単にコンピュータ分野の中だけの広がりと見えるものも，それが実際目覚め，動き出してくれば，危険を伴ってくることもあります．この点については，あとでもう一度戻って述べることにします．

　歴史的には，コンピュータに理論的基礎づけを与えたのは数理論理学でした．ここでは，この講演全体を通して，コンピュータのハードウェアよりもソフトウェアの方に注目していくことにします．ソフトウェアは，適切な言語の開発と使用に関わるものであり，一方ハードウェアは，コンピュータの物理的デザインと構造に関わるものです．もちろん，極微のシリコンチップの登場によってもたらされたコンピュータの発展は革命的なものでしたが，この流れは，さらにハードウェアのポテンシャリティを一層高める言語の開発を求めるようになり，より大きな知的複雑さが強調されるような方向へと進むようになりました．

　数学者たちはつねに，与えられた仮定から種々の結論を厳密に演繹する「証明」の概念と向き合っています．そして20世紀の前半には，この概念は極端に綿密に取り上げられてきました．とくにそこには「構成的な」証明というものが現われてきました．これは望んでいる結論が，決まったステップの有限回

のはたらきで到達できるというものです．有名な「チューリング・マシン」は，このような構成的な証明ができる仮説的な理想機械であり，初期のコンピュータは，本質的にはこの物理的な実現化でした．

　コンピュータには正確な命令（コマンド）が与えられなくてはなりません．そのためこのような命令が定式化されるような理論的な枠組みを数学が形成していくことになります．さらにコンピュータがますます強力なはたらきを示すようになってくるにつれ，コンピュータの中に組みこまれている言語も急速に高度で複雑なものになっていきます．だが，それに伴ってエラーが起きうる状況もしだいに増加するようになります．ここで私がいうエラーとはもちろん機械のエラーではありません．――機械は何も悪いことはしていないのです．正しい命令を打ちこまなかったのか，あるいはコンピュータ言語に翻訳するとき誤ったか，いずれにしても人間の方の誤りです．ここではふたたび証明の数学的アイディアが重要なものとなってきます．コンピュータに組みこまれている命令の集まりが正しいものであることをいかに証明するかが求められるのです．

　ごくかんたんに見てしまえば，このことが，数学的な論理がどうしてコンピュータサイエンスの理論に関係してくるのか，そしてまた，数学という専門分野のもつ深い抽象性を学んだ学生たちが，コンピュータ分野において，彼らの才能がすぐに活かされる場所をどのように見出すかということにもつながってきます．

　構成的な証明の概念に密接に関連するものとしては，「アルゴリズム」の概念があります．これは数学的ないい方では，問題を解くときの決まった手続きのことを指しています．たとえば方程式を解くための手順を示す公式は，とくにかんたんなアルゴリズムとなっています．もし数学者たちが，ある問題を解くためにコンピュータを用いてみようと思い立ったならば，コンピュータにアルゴリズムを入力する必要があります．そのときコンピュータ時間で測って，そのアルゴリズムが速いときも遅いときもあり，そしてもちろん速いアルゴリズムを工夫して見出すことが最大の効果を発揮することになります．こうしてコンピュータの発展は，数学の新しい分野，複雑性理論（complexity theory）を刺激し続けていくことになります．この複雑性理論とは，アルゴリズムが複雑であるということは本質的にはどういうことかを理解する理論であり，それ

はかんたんにいえば,コンピュータが答えを出すまでに,どれだけ時間がかかるかということを知ることに対応しています.

証明論と複雑性理論は,コンピュータの必要性から刺激されて創造されてきた数学の分科のふたつの例となっています.ここに含まれている数学の内容は,物理数学が応用に向けて要求されているようなものとはまったく異なっています.コンピュータは,電気回路のオン・オフスイッチによっていますから,それは代数を用いて実証されるような離散数学を巻きこんでいますが,一方ニュートンの時代以来,物理科学はおもに連続的に変化する現象への,微積分を軸とする数学の応用に基づいて展開してきました.現在,数学を教えるとき,微積分に重い比重をかけていますが,このことはある人たちの間では,このような伝統的なアプローチは,コンピュータの時代になれば,思いきって変えていかなくてはならないだろうという議論を起こさせています.

3. 数学研究の一助としてのコンピュータ

数学がコンピュータサイエンスの発展を助けてきた道をいままで述べてきましたが,ここではその反対の方向の流れを考えてみることにしましょう.コンピュータの出現が,どのように数学研究を助け,また変えさせてきたのでしょうか?

コンピュータの最初のもっとも明らかな使い方は,単に「数をザクザクと踏みわけていくもの」としてでした.高速な機械は,明らかに非常に大きな数を反復計算するのにもっとも適しています.したがってそこから明確な形で取り出された数値解は,もしそれがなかったら,あまりにも複雑で取り扱えないような問題に対しても,すぐに役立つものとなります.コンピュータのこのような使用は,すべての応用数学に対してドラマティックな効果をもたらしてきました.そしてそれはまた,ある数学の問題に対して十分満足のいく解答は何かということについて,それまで私たちのもっていた考えをすっかり変えてしまいました.コンピュータ以前の数学者たちは,問題の解を,よく知られた代数式や,三角関数を含んだエレガントな形式で明示しようと熱心に取り組んでいました.しかし現在応用数学において,問題が満足すべき形で解かれたと見な

されるのは，関心のあるすべての数値を生み出せるような，コンピュータに打ちこめるアルゴリズムを見出したときです．

しかし，必ずしもすべての数学が，数にだけ関わっているわけではありません．代数では，既知数でも未知数でも，記号を用いて表示しています．またたとえば数理論理学における表現では，数値的なものなど何も現われてきません．複雑化された記号表現を巧みに使うことも，コンピュータ上でなされることであり，これはすでに成功裡に応用されており，数学のひとつの研究領域となっています．たとえば，すべての単純群の決定は，抽象的な対称性をもつブロックを築き上げることにかかっており，それには強力なコンピュータを用いることが非常に大きな助けとなりました．数学者の若い層の中で，マイクロコンピュータと大きなコンピュータの専門技術を利用できる人が増えてくるにつれ，このようなコンピュータの中での記号の使用がますます増えてくることになるでしょう．

数学では，自然科学と同じように，ひとつの発見に至るまでにはいくつかの段階を踏んでいかなくてはなりません．形式的な証明はその最後にくるものです．もっとも最初の段階は，いくつかの重要な事実を同一視し，そこに意味のあるパターンを配列し，そこから成り立ちそうな法則や，あるいは公式を抽出することからはじまります．次にこのようにして提起されてきた公式を用いて，新しい実験事実をテストしてみるプロセスがはじまります．そしてそれからはじめて証明の問題に取りかかっていくことになります．

とくに巨大で複雑なシステムを考えているときには，非常に早期の段階でコンピュータはある役割を果たすことができます．たとえば数論においては，面白い問題は非常に大きな素数を含んでいることが多くあります．そして現在研究されているもっとも深いいくつかの推測は，大がかりなコンピュータによる計算に基づいて生まれてきたものなのです．同じようにある系の発展方程式（たとえば流体の流れ）を含むような問題は，コンピュータを通して見出された実験事実によって，長い間非常に大きな影響を受けてきました．

現在，コンピュータによってもたらされた数学にとってひとつの有利な状況があります．それはまだはじまったばかりで，数学者がやっとそのことを十分に評価しはじめたばかりですが，それはコンピュータが，その情報をグラフで

(それも色をつけて）示す機能をもっていることです．幾何学的な対象を含む多くの複雑な数学の問題に対して，これは現象を細かく分析していくときの，もっとも効果的な新しい手段になっています．

いままで述べてきたことをまとめてみると，コンピュータはいまでは数学者たちの仕事のすべての段階で，彼らに大きな力となることを示しつつあることがわかりました．しかしここでもっとも重要なことは，数学者自身が実際コンピュータを使って実験してみることです．オイラーやガウスなどの過去の偉大な数学者たちは，手計算で，そこから一般法則の素材となるものを見出すために，気が遠くなるような膨大な計算を行ないました．そしてそこから一般法則を推測し，また証明すべきパターンを見出すこともできました．これから数学がさらに深く進んでいくようになり，私たちが数学に対して野心を燃やすようになると，それに対応して，原材料となるものは，より広く散在し，そして複雑におかれているようになります．コンピュータは，この原材料を選別し，そしてさらなる進歩と理解への道を私たちに指し示してくれることになるでしょう．

4. 人間の知能と人工知能

いままで私は，数学とコンピュータのはたらきとの関係を，双方の立場に立って考えてきました．しかしコンピュータ革命によって拓かれてきたもっとも心を躍かせるような道は，異なる学問分野の間で生まれたつながりです．そしてこのことは，一層広い基礎に立って考えなければならないことになってきています．

21世紀における科学の最大の問題は，人間の精神はどのようにはたらくものかを理解することにかかってくるでしょう．私はこのことについては，ほとんど疑っていません．現在，私たちはまさにこの仕事の出発点に立っています．そこには神経心理学，心理学，言語学，コンピュータサイエンスなどを含む多くの分野が含まれています．近年において活発に活動をはじめたものの多くは，人間の知能と，人工知能との間の基本的な比較に関わっています．コンピュータの理論的基礎を展開するために必要とされるもの，また情報が貯えら

れ，処理され，取り出されてくる過程は，必然的に人間知性の研究に向けてインパクトを与えるものとなります．理論コンピュータサイエンスと数学との間で結ばれている密接な絆によって，この学際的な活動に対して，数学者たちはどうしても必要なメンバーとなってくるでしょう．どのような役割を数学がこの大きな流れの中で果たすことになるかを，いまから予測することはあまりにも早すぎます．しかし，数学の抽象的な性質が与えられ，そこに含まれている長い間の進化と成熟，そして発展の過程で得られた概念のかずかずと技法の成熟，それらがもし万一ほかの科学で重要なパートナーにならないとすれば，これこそ驚きに値することになります．数学者が，他分野の科学者との共同研究において，知能の神秘的な性格を理解するように，自分自身をそこに向けていくことは，もっとも望ましいことに思えます．そこには希望の徴しがあり，そしてこの方向はすでに動きはじめてきたようです．これは私には大変嬉しいことです．

5. 知性の危機

　科学的な進歩の中で純粋に心から祝福されているようなものはほとんどないといってよいのですが，コンピュータもその例外ではありません．私は，数学者たちがほかの分野の人たちの中にまじって，コンピュータを用いてみることによりどれだけの利点があったのだろうかと数え上げてみました．その結果，私はいまはむしろこれから起きる危険性の方に注意を向けてみたくなってきました．このことについて，まず真先に取り上げてみたいことは，コンピュータが本質的に私たち人間の知性に挑戦をしかけてきた，核心にあるとも見える問題についてです．数学は人間の努力の最高の結晶のひとつとして生き続けていくことができるのでしょうか．あるいは数学は，コンピュータによって徐々にその場を奪われていくことになるのでしょうか．誰が数学の面倒を見ることになるのでしょうか．そしてそこにはどんな判断基準が生まれてくるのでしょうか．

　私の心の中にあるこのような危惧の念を明らかにするために，すでに起きてしまったひとつの事態を考えてみることにしましょう．それは未解決であった

有名なある問題の，コンピュータによる解決です．それは四色問題のことです．この問題は，ごく大ざっぱにいってみると，考えられるような世界のどんな地図も，隣り合っている国だけは，別の色で塗り分けられなければならないという条件の下で，四色さえあれば塗り分け可能か，というものです．前世紀（19世紀）に登場したこの問題は，最近になって肯定的に証明されました．その証明というのは，多くの異なったさまざまな場合に対し，塗り分け可能であることを，ひとつひとつすべてコンピュータを使って確かめてみるということを含むものでした．この解決は，一方では，ひとつの数学の難問が解けたという，大きな勝利でした．他方，数学の審美的な立場に立てば，これはまったく失望させるような結果でした．この証明からは，新しい洞察などは，何も生まれてくることはなかったのです．

　これは未来への道を指し示すものなのでしょうか．ますます多くの問題は，知性などをもたない野蛮な力で解かれてしまうことになるのでしょうか？　もしこれが私たちの貯えとなるようなものだとすると，私たちはこのことが示している人間の知的活動の没落にも付き合っていかなければならなくなるのでしょうか，あるいはこれは「進歩」の前には道を開けておかなければならないという，古風な観点に立ってみることになるのでしょうか．

　このような哲学的な問題に答える前に，私たちは思いきって，自分自身に向かって，数学的・科学的な行動の性格と目的は何かについて問いただしてみなくてはならないでしょう．ごくふつうの答えは，「科学」は，物理的世界を理解するための，そしてあるいはさらにコントロールするための人間の試みであるということでしょう．しかしこれは「理解」という難しい概念をそっくり私たちに預けてしまったことになります．私たちは四色問題の証明を「理解」したといえるのでしょうか？

　四色問題だけがたったひとつの例というわけではありません．2，3日前，私は，コンピュータの助けを借りて示された，ひとつの重要な結果がまとめられた1冊の本の刊行通知を受けとりました．コンピュータの助けを借りた証明は，増加し，広がりつつあります．そしてそれらは懸念を引き起こすひとつの原因となっています．単純な実用性と，ごくありふれたレベルにあって，それらはいままで発表されてきた証明の概念——それは数学の高潔さを保つ究極の

保護者であったのですが——さえも変えています．コンピュータの助けを借りて得られた証明は，どのようなプログラムが入力され，それがどのように取り出されたかを説明する部分を含んでいます．したがって原理的には，読者は（適当なコンピュータにアクセスして）同じプログラムを入力し，そしてその結果をチェックしなくてはなりません．このようなことはもちろん実験科学で起きているようなことであり，物理学者や化学者は実験の詳細を述べ，そしてその結果を知らせます．ほかの実験室の研究者たちは，これが正しいかどうかの確認に，同じ実験を繰り返してみるのです．それではなぜ数学者たちは，コンピュータでの実験を試みている同僚たちと，同じ足場に立つことに抵抗を感じてしまうのでしょうか？　ここでは数学者たちが，とくに自分自身を優秀な存在と認めているわけではありません．その理由は，単に外界で起きている事実を理解するために考え出された実験と，純粋にある数学的な問題に関わっているときのコンピュータ計算の基本的な違いにあります．実験は外界に関わるものであり，数学の問題は人間の知性に向けられているものです．一方は**外に向けられての**実験であり，他方は**内に向けられている**ものです．

　これから長い間，コンピュータは数学の若いパートナーとなり，数学者は主要なアイディアのすべてを握って，一方，コンピュータは低いレベルの仕事を引き受けていくことになるでしょう．しかし時がたつにつれ，この若いパートナー（どんなときでも若いパートナーに起きることですが）は，しだいしだいに重要な仕事を引き受けていくことになっていき，そして最終的には数学者は単にいくつかの疑問点を問いかけ，コンピュータが残りの仕事を引き受けるという事態が到来するようになるるかもしれません．このとき**数学者は熟練した職人から，工場のマネージャーとなっていくでしょう．**

　いまやこの産業革命によって，手作業の職人が近い将来姿を消していくという事態が引き起こされることは，審美的な面からも，また社会的な理由からも，嘆かわしい状態を生むことになるでしょう．**知的職人の絶滅は，どれほど多くの嘆きをもたらすことになるでしょうか？**

　このような心配は，過去へのノスタルジアとして消し去られるべきものなのでしょうか．そして人間は進歩の不可避に対して脱帽すべきだといわれるかもしれません．もしコンピュータが，人間よりも明らかに一層効率よく数学をす

ることができるならば，疑うことなく私たちはコンピュータに仕事を手渡してしまうべきなのでしょうか？

　実際，予見できる将来において，コンピュータは人間より優れた数学者になり得るのかということについては，私は深い意味において非常に疑問に感じています．これについての私の理由は，基本的には非常にかんたんで，またナイーヴなものです．数学のもっとも特徴的な姿は，それがすべて建造物としてつくられているということです．そしてその中に抽象的なアイディアが，エレガントなまでに深遠な姿をとって配置されています．よい数学として折り紙をつけられるのに必要なものは，簡潔さと単純さです．もちろん実際上の目的に向けられた問題に対しては，ふつうは明確な形で与えられた解を求め，提示してきますが――時にはそれを数値として示すこともありますが――理論的な展開では膨大な計算は可能な限り避けようとする方向に進むことによって，本質的な進化を遂げてきました．数学者はこのような計算には，いわば熟練の技というものをもたないので（また怠慢で），別の代わりとなるものと探してきました．しかしコンピュータの方は計算はお手のものですから（そして楽しんでいるようにさえ見えます），ほかに代わりとなるものを探すようなことはしないでしょう．そのためコンピュータは，次の飛躍に向けて必要となる大きなアイディアを展開することなど到底できないのです．

　さて，別の道をとってみることにしましょう．数学は実際芸術的なものなのです――数学は，概念と手法を発展させていきながら，ますます軽やかになって旅を進めていきます．そして荒々しい計算などに頼ることなしに築き上げていく芸術なのです．もしひとりの数学者に，限りないほど強力な，計算をする機械を与えれば，それは彼の内部に深くひそんでいる推進力を奪ってしまうことになるでしょう．ありそうもないことですが，もしコンピュータがたとえば15世紀に利用されていたとすれば，数学はいまは蒼白い影のようになっていたのではないでしょうか．このことについては少なくとも議論してみることはできるでしょう．

　現実の危険性は，数学者たちが，彼らのさまざまな責任を捨ててしまって，コンピュータに万事を託すような事態が生ずることにあります．私たちはコンピュータに対して，「若いパートナー」としての役目だけを，いつまでも与え

続けていかなければなりません．しかしこれは容易な仕事ではないようです．

6. 経済からもたらされる危機

　コンピュータによって引き起こされた微妙で，かつ摑まえどころのないような知的なものに対する脅威に加えて，より一層明らかで現実的な危険が近づいています．それは異様なまでに拡大した，経済面でのコンピュータの重要な活動から生まれてきたものです．そこには避けることができないような大きな経済的な圧力があり，それは数学を，経済数理に関わる新しい方向へと向かわせようとしています．ごく大きな見方でいえば，連続的な現象にかかわる解析学と対極的な場所にある，離散数学へ向けて，これから一層比重が加えられていくようになると思われます．もちろんこれによってもたらされる影響は，健全といってよいものであり，数学に対しては，今後期待されるような新しい分野への刺激を与えることになっていくでしょう．しかし同時に，コンピュータ革命のスケールの大きさとテンポの速さは，いままで数学が浸っていた偉大な古典的な伝統に向かって，現実的な危機感をもたらしてくるものとなるでしょう．

　表面上は，一見したところ離散数学は，単に有限量と有限量の間のプロセスを調べるだけですから，さまざまな形をとって現われる無限を取り扱う解析学よりも，ずっと簡潔で単純なように見えます．しかし無限を手なずけ，それを用いるようにしたことは，数学の最大の勝利といってよいものであり，解析学を強大な力をもつ手段としました．純粋に有限のレベルに立ってみても，解析学に対抗し，向かいあっていけるようなものはないのです．離散的な性格をもつ多くの重要な結果も，解析学を用いて見事に証明されています．

　いままで解析学の中心に位置を占めていたのは，単に純粋数学における問題の攻究においてだけではありませんでした．解析学は，科学技術のすべての分野における応用の基礎として，そこで攻めあぐんでいた問題に対して積極的にはたらいたのです．解析学を中心とする教程は，数理科学における大学教育の土台を提供しています．しかし近年になって，この位置づけは少し問題となってきています．科学教育の中で，解析学の役割を減らそうという声が高まりを

増してきて，それに代わるものとして，コンピュータの学習に適しているような，ある種の離散数学におきかえようとする動きが出はじめています．このような動きは，すでに少しずつはじまっていますが，それは変わりつつある状況に対するひとつの答えにはなっていると思われます．しかし私は，一層過激な変化を求めるような圧力が強まってくるのではなかろうかと予想しています．それはたぶん数学にとって非常なダメージを与えるものとなるかもしれませんが，しかしこれに抵抗することは非常に難しいことになるでしょう．

　私はこの点について，過度に悲観的になり続けたということもあるかもしれません．一方，離散数学と連続数学とを，二分して論ずるということについては，私がいままで述べてきたほどには厳密ではないということもつけ加えておく必要があります．伝統的な流れの中で考えてみると，私たちは離散量を細かくどこまでも細分していって，連続量へ近似していくという操作を行なってきました．連続曲線は，たくさんの小さな線分をつないでいけば近似することができます．しかし連続量は，ひとつひとつの段階で，サイズが十分小さいような離散量の近似とみることもできますから，この過程はまた逆の方向をたどることも可能なのです．この見方によって，私たちは解析学から導かれた知識を用いることにより，円周の長さを，円に内接する正多角形の辺の長さの近似として捉えることができます．このような場所で，コンピュータがしだいに強力なはたらきを示すようになってくると，それに応じて，そこに現われてくる数が，しだいに大きく，大きくなっていき（あるいは個々のオペレーションの時間間隔が短かく，短かくなっていき），解析学は，そこでふたたび自分の居場所を見出すことができるようになるのかもしれません．

7. 教育上の危機

　現在，大きく動いている経済の動向は，誰もがよく知っているように，一方では，いままでの伝統的な産業が広範囲にわたって衰退に向かっており，他方ではそれに代わるようにコンピュータ関連の産業が急速に成長をはじめてきたことに現われています．これはこの革命——コンピュータ革命——のもたらした経済的な側面です．もちろんこのことは，最善の雇用の機会がコンピュータ

と結びついてきたことを示しており，これはすべての若い世代に対し，将来へ向けての生き方と，期待を変えつつあります．学校と大学における伝統的な教育と研究は，コンピュータに向けての興奮と魅力に競い合わなければならなくなってきました．しかし数学は，もっとも古い原理に根ざしているものとして，必然的にこのような動きの最前線に位置しています．これによって数学自身が，いろいろなレベルで影響を受けるようになってきました．まず学校において，数学の教師たちに圧力となってふりかかるようになってきています．徐々に，余分な業務としてコンピュータについて教えることにも携わらなくてはいけなくなってきました．しかしこのようなものまで数学の教科の中に含め，教えることに苦痛を感じる人も多いのです．これに対し現在の教育機関では，既成の機構のあり方も，また人事の面でも，徐々に変えていくことで対応するしかないのですから，コンピュータ革命のもたらす異様な速さの変化は，教育界に非常に強い緊張となってふりかかってきています．

　学生たちに限っていえば，数学はふたつの違った方向から影響を受けようとしています．数学のさらに高い到達点を目指して創造的な研究に入っていこうとしていた有能な学生の前には，それにかわって進もうとする魅力的な分野が現われ，それはいまは爆発的ともいえる展開をしており，そこでは注目されるような機会は一層増えてくるだろうと見えてくるようになってきました．このことは，過去におけるニュートン，ガウス，リーマンのような偉大な創造的精神が，将来は，数学よりもむしろコンピュータサイエンスの方に向かって花開くようになるかもしれないことを意味しています．頭脳の力だけに頼るような研究課題に対しては，いままでに出会ったこともないような最大の災いが訪れるようになるかもしれません．しかし私たちは，数学がその力と美とによってこれから将来にわたっても，私たちの中に本来備わっている知性を引き寄せ，そのすべてがコンピュータに誘いこまれることがないことを希望していかなくてはなりません．

　一方，数学の初歩の段階の学生には，別の危険性も待ち受けています．もっとも初歩的な段階の授業で，コンピュータや計算機が使われると，それは生徒たちに，算数の計算を一生懸命勉強して，いつでもそれを使えるようにしておく必要性など，もうなくなってしまったのだと考えさせるかもしれません．

「どうして九九を使うかけ算の計算などを学ぶのか，そんなことはキーを押せば，すぐに表示されるではないか？」このような態度はすでに私たちの間でもしだいに根づいてきており，ここから計算機を小学生にもたすことの利点と危険性についての教育上の論争が続いています．計算機がいまより一層安価となり，ますます多様なはたらきを示すようになると，計算機はきっと学校に溢れるようになり，どのレベルでも，数学でそれを用いることが正当化されてくることになるでしょう．

このような数学教育に対するわかりきったような論争に対して，私の中で閃めいた答えは，どんな算術の課題もひとつのキーを押すことでできるときがきたとしても，それでも子供たちには，どのキーを押すかということを教えなくてはならない，ということです．もっとも基本的なレベルでは，子供たちは，いつ足し算のキーを押すか，いつかけ算のキーを押すかは知らなければならないでしょう．このことは決まりきった計算の仕組みなどにこだわるより，計算の中に含まれているプロセスを理解させることに，もっと力をそそがなければいけなくなることを示しています．これをもう少し言い直してみれば，型どおりのことをすることを退けて，よく見極めることのできる能力を高めることが教育の重要性であると認識することになります．しかしいずれにせよ人生はそんなにかんたんなものではありません．機械への過信は，人間の中にある潜在能力を減退させていくことになるでしょう．それは自動車の普及によって，脚力が低下してきたことに通ずるものがあります．最近ジョギングが盛んに行なわれるようになってきましたが，やがて暗算によって，知能のセラピーを行なっていくようになっていくのでしょう．

8. 結　論

私はいままで，コンピュータの出現が数学に問いかけてきたことと，それがもたらす数学に対する危機に注意を向けて述べてきました．私がここに描いてきた将来像が，多少悲観的な方向に向けられるようになったことは，少し残念な気持ちもします．あるいは私はその方向を少し強調しすぎたのかもしれません．数学がコンピュータを導入し，それと手を結ぶことで導き出されるような

ことは多くあり，それを考えてみることは，誰にでもできることです．そのため私は，あえてそのような方向をここで取り上げ，詳しく述べてみようとは思いませんでした．私が考える危険性というのは非常に微妙なものですが，あまり認識されていないようなので，ここではそのことについて詳細に述べてみることは十分意味のあることだと考えたのです．私はこの論説を冒頭で述べたジョージ・オーウェルの『1984年』にもう一度戻って終わることにしたいと思います．オーウェルはこの本を予言としてではなく，警告として提示していたことを思い出しておきましょう．この警告は，もし私たちが注意深くしていなければ，やがて近い将来起きるかもしれない結末がどのようなものになるかということを，創作上の効果のために意図的に誇張した形で私たちの前に示しているのです．

数学の進歩の確認

"Identifying Progress in Mathematics"
ヨーロッパ科学財団会議　講演
1985 年

1. はじめに

　このシンポジウムの目的は，数学の「進歩」の大きさを測るために，いろいろな分野で用いられているさまざまな基準を確認してみることにあります．このような基準は，まれには十分吟味された正確な言葉できちんと与えられていることもありますが，しかし一度これを一般的な文化の中においてしまえば，その漠然とした広がりの中に埋もれたものになってしまいがちです．幸運にも原則において大筋の合意が得られていても，詳細に問題を明らかにしようとすると主観的になってしまい，異論が生じうることになります．私は，数学社会においては，意識するにせよ，無意識であるにせよ，進歩に関して実際にどんな基準が使われているかを知ろうとするより，このような基準はどこにおくべきかを述べてみようとする方が，ずっとよいことだと思いました．そして同時に私たちが現在直面しており，また将来にわたって起きるであろう実際的な困難や，意見の相違しているような場所や，落し穴や，いろいろな危険性もこれからの話の中で指摘していこうと思っています．

　話を進めていく前に，あらかじめ率直に認めておきたいことがあります．それは私がひとつの見晴しのよい地点に立って述べていこうとしていることで

す．数学は，その一端にある哲学から，純粋数学，応用数学の伝統的な領域を通って，統計と数値計算を中心とするより新しい応用数学へと，非常に広い範囲を蔽う学問分野となってきました．このような広範な領域を，ひとつの目的と意図という視点からまとめてみるようなことはできそうにありません．私は純粋数学のいくつかの分野で研究している数学者ですが，理論物理学にも広いコンタクトをもち，またそれほどはっきりしたものではありませんが，数学の広い範囲の応用についても知っています．私はこれからできるだけ客観的でバランスのとれた話をしてみようと思っております．

2. 数学の特別な様相

このシンポジウムは，さまざまな学術の交流の場となっているものですから，まず最初に数学がほかの芸術や科学とは違った学術分野であることを，いくつかの構造的な面から指摘してみたいと思います．この違いはいろいろな含みをもっています．この違いのあるものは，特別な違いや困難さを引き寄せてきますが，一方別のものは，積極的な長所を引き出してくれます．

数学でまず出会うその特異な姿は，その主題となるべきものとその内容を，はっきり言い表わしたり定義したりすることが非常に難しいということです．物理学は物理世界の研究であり，生物学は生命を取り扱い，歴史学は過去に人間の上に起きた事柄に注目します．それでは数学とは何なのでしょうか？ この疑問は，単なる詭弁によって逃れられるものではありません．この問いかけは，まったく異なるいろいろな哲学的態度と価値判断を反映させている，数学の本性と目的についての真の不確実性を示唆しているのです．私があとで述べようとしている，これらの深いところにおかれている立場や価値観の違いは，ふつうは隠されているか，潜在的なものとなっており，十分テクニカルなレベルでは，数学者同士で深刻な不和におちいるようなことはまれにしか起きません．

数学の第二の，そしてよく知られている特性は，その完全な論理的な展開にあります．ギリシア数学は，2000年前と同じ形を保ったままいまも成り立っています．またニュートンとライプニッツによる微積分は，ほとんど変わるこ

となく 300 年も生き続けてきました．両方のケースでいえば，いまは私たちは確かにその基礎については多少よく理解できるようになってきましたが，しかしその本質的な真理まで疑われるようなことが起きたことは決してなかったのです．これと対照的に，自然科学における多くの理論は，それほど確実な持続性はもっていません．それらは「フロギストン」*の理論や，地球は平坦であるという考えのように，完全に放棄されてしまったものもあり，またアインシュタインの重力理論が，ニュートンの重力理論をおきかえてしまったようなこともありました．

　この数学のもつ「決定性」は，そのもつ意味において，ほかの専門分野からは羨望のまなざしで見られるものであり，彼らの結論に重みを増すために，しばしば数学的なアイディアとテクニックが借り出されていくことがあります．たとえ私たち数学者にとって，私たちのアイディアが他分野で稔り豊かに用いられることが喜ばしいものだとしても，数学への理論的な信望が，逆に不完全な議論を支持してしまうという危険性はここにはつねに存在します．そのような状況が生ずる真の理由は，もちろん数学の確実性が直接現実世界からの分離によって得られていることによっています．しかしそれが現実の状況に適用されるや否や，物理学であれ，社会科学であれ，その結論は，実験データあるいは社会的仮説に含まれるすべての不確実性をも，分かちあってしまうことになるのです．数学の応用についての誇張された主張は，たとえそれが数学の絶対確実性に基づいているものだとしても，たぶん手痛い反撃を受けることになるでしょう．その危険性はますます大きなものとなっていきます．なぜならほとんどの人にとって，数学は，ミステリーに包まれた「魔法」だからです．

　最後に述べる数学の特殊性は，その独立性にあります．実験科学と違って数学はお金のかかる設備は必要としません．数学は安上がりの科学です．必要となるものといえば，紙と筆記用具くらいのものです．これさえもなくてもよいようなものです．アルキメデスは砂の上に図形を書きました．過去の偉大な数学者たちの多くも，代表的な業績となるものを，非常に困難な状況の中で創造

＊　フロギストン　　phlogiston．酸素，水素が発見されるまで，燃焼の際に放出されるものと考えられていたが，実在しなかったことがわかった物質．

してきました．ごく最近のこととしてはジャン・ルレイの例があります．彼は戦争で捕虜の身になっている間に，現代トポロジーに革命を引き起こすような仕事をしました．人文学と比較しても，数学の要求は謙虚なものです．古代の写本をもつ膨大な蔵書数を誇る図書館などは必要ないのです．さらに社会科学と違って，数学は，概して政治や社会のシステムとは独立しています．数学は，あらゆる種類の政治支配下の中で栄えてきましたし，そしてこれからも栄え続けていくことでしょう．

　この経済的・政治的な要素に対しての（比較的な）独立性は，不利益と危険も伴ってきます．それは数学を，知的活動全体の中での孤立へと導く可能性があるからです．実際私が描いている絵は，あまりにも黒白をつけすぎているのかもしれません．数学はその多様な応用によって，現実社会から縁を切られてしまうことなど有り得ないのです．進歩の度合いは，政府の資金によっており，コンピュータは高価ですし，図書館は活発な役目を果してくれています．それでも私は，数学と社会との関係は，多くの点でユニークであると信じています．この関係は，最後の節で一層詳しく論じてみることにします．

3. 問題の役割

　前に私は，「数学とは何か？」という問いに答えることの難しさについて述べてみました．これに対するひとつの答えとしては，数学は多くの「問題」解決のためのアイディアと知的な技術の集成である，が考えられます．しかしこれでは不十分かもしれません．これに対しては，「それではどんな問題を？」という問いが戻ってきます．しかし，数学の本質は，問題の原材料となるものが，ほとんどどの分野からでも生まれてくるということです．重要なのはその内容ではなくて，その形式なのです．いずれにせよこれがひとつの納得できる答えになっているかどうかは，その「問題」の解が，数学の歴史の中でその後もつねに基本的な役目を果たしてきたかどうかということにかかっているようで，それは否定できないように見えます．私はいまここで，「問題」という言葉をまったく狭い意味（たとえば，「次の方程式を解きなさい．…」のような）に使っており，大きな計画のようなものを示すものではありません．いくつか

の例で説明してみましょう．

　私の最初の例は，多少憶測によるところもありますが，有名なピタゴラスの定理，すなわち直角三角形の斜辺の長さ z は，他の2辺の長さ x, y と $x^2+y^2=z^2$ という関係にあるという定理に関わるものです．あるいは，この定理は，はるか昔に「z は x, y のどんな式として表わされるか？」という問いかけから生まれてきたものかもしれません．幾何学の発展によって，この問題の重要性は誰の目にも明らかなものとなってきたのでしょう．そのためピタゴラスの定理は，懸案であった大きな障害が克服されたことをいい表わしたことになったのです．その後多くの数学の問題がこの枠組みの中に包括されていくことになりました．

　まったく異なったタイプの問題が（これは純粋に歴史的なものですが），有名な「フェルマの最終定理」として登場してきました．これは上のピタゴラスの方程式がある整数解をもつ（たとえば 3, 4, 5）という考察から生まれてきました．そしていっそう一般の方程式 $x^n+y^n=z^n$ ($n\geqq 3$) は，決して正の整数解をもたないという拡張へと進んでいきました．$n=2$ の場合と違って，このとき出てくるこれらの方程式は，少しも幾何学的な意味をもってはいません．そしてこの方程式が整数解をもつかという問いかけは（これは整数論のひとつの問題となり），もともとの問題の性質を変えてしまいました．フェルマの問題*が，そんなに重要なものかどうかは，アプリオリにはまったく明らかなものではありません．しかし実際はそれは数学の発展に深い影響をもたらしました．フェルマは，自分は証明をもっているが，それを書くための十分なスペースがないのだといっていました．過去300年にわたって，見たところ単純そうな問題の奥にある深さに惹かれた多くの世界最高の数学者たちの多くは，フェルマの「定理」の部分的な成功だけでも手に入れようと格闘してきました．彼らの努力の中から，たくさんの新しいテクニックと概念が導入されてきて，そしてこれは数学の大きな範囲に浸透していきました．

　フェルマの問題は，エベレスト登頂が，登山者たちの（登頂が成功する前の）夢を誘い続けてきたのと同じような役目を数学に果たしたのです．それは

---

*　フェルマの問題　　この講演（1985年）の後，英国の数学者ワイルズによって，1995年に完全に解決された．

ひとつの挑戦でした．そしてここへ登ろうとする試みは，熟達と，新しい技法の発展と完成を数学に促し続けてきたのです．

　ここで述べる最後の例として，もうひとつの有名な問題，「四色問題」について論じてみたいと思います．その（肯定的な）主張は，地球上のどんな地図も，隣り合っている国が異なる色で塗られているという条件の下では，4色あれば十分だというものです．この問題は，100年近くも解かれることに抵抗し続けましたが，結局最近になってやっと解かれました．そこにはコンピュータが多用されていました．そのためこの結果が数学自体に与えたインパクトは小さいものでした．問題自身がそれほど基本的なものではない上に，これを解くために，重要性をもつ大きなテクニックが生まれてくるということもなかったのです．四色問題は，コンピュータによって解かれた数学の最初の自明でない結果として，有名（または不名誉）になり，そして歴史の中に埋もれてしまいました．もちろん，もし明日にでも若い数学者が現われて，すばらしい理論を展開し，それを用いて何よりもまず四色問題を解いてみせるようなことがあれば，状況は一変するでしょう．

　これらの例は，いくつかの注目すべき点を浮かび上がらせてきます．たとえひとつの問題でも，それから先の進歩に対し，単純には乗り越えられない壁として立ち塞がり，やがてそれは重要な意味をもつようになるのかもしれません．そのようなときには，どんな解答でも進歩のあかしとなり，歓迎されるでしょう．しかし多くの場合には，あるひとつの特別な問題が，どんな重要な意味をもっているかなどということは，前もって予測できるようなことではありません．もしそれがふだん使っている方法ですぐに解かれてしまえば，興味は失われてしまうでしょう．もしその問題が，私たちが長い間使ってよく知っているどんな方法にも抵抗して，古典的な問題のリストに加わってくるようならば，その問題は挑戦の対象として数学者の関心を高めていくことになります．しかし四色問題が示すように，このような場合でも，急速に色あせていくようなことが起きることもあり，それについては何の保証もないのです．「よい」問題であるための真の判定基準は，その解を求めていく過程で，新しい強力なテクニックが見出され，それがさらに広く適用されていく場が見出されていくことにあります．フェルマの最終定理は，この意味でよい問題の見本となるも

のです．

　数学はどんな時でも，いろいろな種類の問題を大量に供給してきました．そして数学はその解へ向かって歩みを進め，とくに進歩のおもな指標のひとつとなる，本質的に新しいアイディアを含むような方向を求め続けてきました．これは広く認められていることですが，すべての数学者は，その専門分野が何であれ，本質的には職人なのです．そして長い間未解決であった問題の解法に含まれている技術的な熟練度を高く評価するのです．

4．革　新

　革新ということが数学の進歩に対し，いきいきとした活力を与えることはいうまでもないことです．それは通常，進歩についての判定基準とする最初の目安となるものです．このことは数学がほとんど完全に理論的なものであって，ほかの科学のような強固な経験的基盤をもっていないことを考えれば，そんなに驚くことではないでしょう．数学の進歩を促すものは，実験的な研究や，テクノロジーの導入や，あるいは忘れられていた文献の発見によるようなものではありません．数学の進歩は，内部から生まれ育っていくものでなければならないのです．

　革新はいろいろな形をとりえます．もっともふつうのものは，問題の解答を求めるための新しいテクニックの発明です．ここでも革新の度合には，もちろんさまざまな違いがあります．すべての研究者がほとんど毎日行なっているような小さなステップから，根本的に新しい方法を提示する巨人の歩みもあります．この中からさらに急進的な変化が起きれば，そこにはしばしば，まったく新しい概念の導入が含まれてきて，それはいままでの見解を完全に変更するよう迫ってきます．このようなひとつの古典的な例は，次数が5以上の多項式で表わされた一般の方程式は，（ベキ根，立方根などなどを使っただけでは）解くことはできないという，解の代数的表示の不可能性です．2次方程式に続いて，3次方程式，4次方程式もうまく解くことができたのですから，5次の場合のこの結果は強い衝撃を与えました．ガロアは，方程式の5つの解の対称性にキーポイントがあることを明らかにして，解法の不可能性を示したのです．

ガロアは，それによって対称性についての一般理論（群の理論）の基礎を築いたのですが，それはすべての数学的概念の中で見ても，きわめて深く，また数学の広い範囲にわたってはたらくものとなったのです．

　この種の根本的な革新は，ふつうは何か難しいひとつの問題を解こうとするときに生まれてきます．しかし，まったくいきいきとして革新へ向けて進む，これとは別の形もあります．それは新しい重要な問題の定式化です．私が前に示したように，ひとつの問題の重要性を，その解が得られる前に評価することは，決して容易なことではありません．したがって問題の賢い選択には，とくにすぐれた洞察力が求められてくるのです．時には研究の過程から，問題がごく自然に浮かび上がってくることもあります．理論の内部構造と結合力とが，本質的に数学者に問題を設定することを求めてくるのです．そうでないときには，問題は数学の外部から，また数学に近接している科学の分野からもくることがあります．このことについてはあとでもっと詳しく述べます．

　一般には次のように述べることができます．決まった標準的な方法だけを用いて展開してきた数学の進歩は，新しい概念と問題が突然現われたとき，それによってつくられた劇的な突破口によって，四方に散らされてしまいます．数学のあるひとつの分野における進歩の割合は，このような突破口が現われる頻度によって決まってきます．したがってこの状況の中では数学全体の中での渦の中心は，ひとつの領域から他の領域へと，非常に速く，予測できないような動きを示しながら，急速に移っていくことが可能になってきます．たとえば3次元の幾何学は，2，3年前まではほとんど休眠状態に近かったのですが，いまは突然表舞台へと登場してきました．それはプリンストンのウィリアム・サーストンの非常に注目すべき発見によるものでした．4次元の場合には，オックスフォードのサイモン・ドナルドソンによるごく最近の難関突破が，多くの数学者の関心の的となりました．それは，彼がこの長い間懸案だった問題を解いたのは，その源を理論物理学にもつ，まったく新しい考えによるものだったからです．私はこの業績の判断基準として，これに関連するようなよく知られているすべての場所でこの結果は高い得点をとるだろうと指摘してきました．そしてたぶん，ここからさらに新しい分野が拓かれていくことになるでしょう．

数学のような，よく組織化され，大きく築き上げられたひとつの主体の中では，旅人を導くためのたくさんの道標と明るい道が用意されています．しかし長い直線道路に沿う旅だけでは，旅人は退屈になってしまいます．そこで数学者たちは，予期していなかったようなところを曲がって，そこでたくさんのことを貯めこみます．これは「驚くべき」結果だということは，数学からすばらしい賞賛が授けられたということなのです．思いもよらなかったようなものが，向きを変えて迫ってくるときは，私たちがいままでの理解だけでは不十分だ，と知るときです．そんなとき，それを説き明かすために，一層深いところへと足を進め，まだ見出していないものを探っていくことになります．

　どんなときにもとくに衝撃的な驚きを与えるようなひとつの提示は「反例」です．名前が示すように，これは以前には正しいと考えられていたものに，矛盾するような例が特別につくられたものです．反例は純粋に否定的です．それは決められたある方向に向かっては，もうこれ以上は進めないということを示しています．これは非常に価値あるものなのです．なぜなら，そこには実際ない「北西航路」*のようなものを求めて，無駄な努力が積み重ねられていったかもしれなかったのです．しばしば反例は，いろいろな方法の限界について警告してくれる役目も担ってくれています．そして冒険心をもつ積極的な船乗りに向けては，灯台の役目も果たしています．

5. 審美的な成分

　数学を専門としている人たちにとって，数学は芸術でもあり，科学でもあります．美と真実は同じ高みにあります．専門家以外の人にとっては，数学における美の概念など考えて見ることもないでしょうから，これからこのことについて述べてみることにしましょう．

　多くの数学者，とくに応用から遠く離れたところで，さまざまな「純粋な」分野に携わっている人たちは，数学において「美しい議論とは何か」ということについて，はっきりとした考えをもっています．これは数学の議論に対する

---

* 北西航路　　北アメリカ大陸の北側を通って大西洋と太平洋を結ぶ航路．流氷や氷山のため，20世紀まで航海不可能な航路だった．

大きな賞賛の言葉であって，ここにはスタイルの示す優雅さ，努力の節約，思考の明快さ，詳細にわたる完成度，形式のバランスなどが含まれています．これらが積み重なって強い確信の感覚を与えてくれるのです．もちろんこのような高みに達するのは，ごくまれなことですが，それは努力のゴールを示しており，非常に強い影響を与え続けています．数学では，ほかの研究分野より，自分が関わっているあるひとつの特定の研究分野に強く惹かれる人が多いのです．それはその分野をとくに美しいと思っているからです．数学者たちは，エレガントな方法をどこまでも求め続けていくでしょう．そして逆に彼らは拙い，みっともないような議論は避けようとします．

　このように研究している数学者たちの心の中にある，審美的な判断基準について，その主観的な重要性をあまり高く評価してみるようなことは難しいのかもしれません．実際，それは数学者を前へと押し進める内的な推進力を高めるはたらきをしており，またほかの人たちの仕事を見て，自分の中にあるものとの調和をはかってみるはたらきもするでしょう．外部の人たちからは，数学者たちが，自分の審美的な判断だけで，そんな勝手にウェイトをつける権利はあるのかと問われるかもしれません．数学は科学ではないのか？　もっと客観的な規準はないのか？　ある程度はこの問いかけを認めることはできます．とくに数学がほかの科学の中に溶けこんでいるような応用面の強い分野では，答えはもちろんイエスです．しかし数学の大部分では，この問いかけはより一層複雑なものとなってきます．私は，美的判断がなぜ数学において果たすべき適当な役割をもっているのか，ということについてこれから説明してみることにします．

　数学の主要な特徴のひとつはその普遍性にあります．知識のほとんどどの分野にわたってみても，そこには数学的に解析されるような場所を見出すことができます．このようなものを解析する最初のステップは，あるトピックに焦点を絞り，余分なものは取り除き，適当な数学的な形式として残されるようにしていくことからはじまります．このような企てが成功するかどうかは，数学における適当な概念と，汎用性をいかに利用するか，そしてそれに続いて，解析と計算を効果的に導入してそれをいかに用いるかにかかっています．多種多様な目的に対して，十分使えるような柔軟性と力強さをもった抽象的な言語の発

展が，数学の本質的な姿を現わしてくることになります．このような抽象的な世界でのはたらきの中で，最優先で考えなければならない重要なものとしては，簡潔さとエレガンスがあります．このことを昔のよく知られた例を使って説明してみます．たとえば，厄介なローマ数字を使う記数法をはるかに越えた現在の10進表記が，どれだけ大きな長所をもっているかをふり返ってみるとよいのです．ローマ数字を使って乗法のときに現われる長い和を書いていく単純な考えは，10進法表記によって，ドラマティックといえるほど簡潔で，強力で，美しいものになりました．またアラブの人たちによって導入された代数記号は，重要なすぐれた一歩を数学に踏み出させることになりました．

　私がいまここで述べてみようと思っていることは，単純で簡潔な議論を発展させていくことが，数学の進歩において欠かせないものだということです．この点に関しては，数学を建築学や，また芸術，科学の最前線にまたがっているようなほかの分野と比較してみるとわかりやすいのかもしれません．建築学にも，機能と形式という二分法があります．これは長い間続いた正当な論争を引き起こす源となるものでしたが，多くの人々は，もっともよい建築学は，このふたつのものが調和をもって結びつくところから生まれてくると思っています．

　私は前に，ある特別な問題が，どのようにそれが重要であるかと理解されるかについては，前もってそれを予言することは難しいと述べてきました．問題の選択と形式化は，ある程度数学者ひとりひとりの直観に頼っており，それは芸術のようなものなのです．美的感覚に関わる問題は，もちろん，この直観レベルで大きなはたらきを示すことになります．

6. 統合と分裂

　数学の真理がいつまでも成立し続けるためには，数学の中で取り上げていくテーマが増えて蓄積されていく状況にとくに目を向けてみなければなりません．世紀が移り変わっていくとともに，数学という建物には次々と階層が重ねられていきます．そして次の世代の人たちは新しい階層の方に目を向け，まだ何も捨てられていないすばらしい深いテーマの方には興味を失ってしまうよう

になるのかもしれません．これは現在の恐るべき問題を捉えています．そしてさらに未来へ向けて一層不安をそそるような状況が醸し出されています．知識の集大成によってでき上がったこの山は，どのようにコントロールしていくことによって保ち続けられるのか？　この山は自分自身の重みを支えきれなくなってやがて崩壊し，ばらばらになってしまうのではないか？

　この大きな蓄積のひとつの効果としては，ここから特殊化，専門化が導き出されてくることであり，それはほとんど明らかなことでしょう．ニュートン，あるいはガウスの時代でさえ，数学者たちは同時に自然科学者でもありました．20世紀の初頭まではまだ，ヒルベルト，ポアンカレ，ワイルなどというごく少数の偉大な人たちは，なお数学のほとんどすべての部分を蔽っていたといえるかもしれません．それ以後，急速に専門化への動きが加速してきて，その流れの中で，世代が変わっていくたびにその関心の焦点は，狭い方へ，狭い方へと向けられていくようになりました．

　分裂へのプロセスは，数学の応用がどこまでも広がっていく中で加速されてきました．大きな新しい分野が，外部からの要求に応えるように，情報科学や制御理論や，あるいは医学における疫学などから生まれてきました．活動的な数学者の数が，全体として大きく増加していくと，そのこと自体が数学を専門化へと進むことを促していくことになります．科学のコミュニティは，専門分野がそれぞれのまとまりとして独立してしまう前に，ぎりぎりの枠内に止めておくことが求められています．

　ある程度専門化へと進むのは，もちろん避けられないことですし，そしてあるいは望ましいことなのかもしれません．しかしある一線を越えてしまえば，壊滅的な事態を招きかねません．これはとくに数学に対していえることです．数学の存在理由は，アイディアをひとつの分野から他の分野へと，抽象化のプロセスによって移しかえていくことにあります．さらに数学をすることについての究極の正当化とでもいうべきものは，数学がどこまでもひとつのものとして緊密に結びついていることです．もし私たちが，純粋に実用主義者の立場に立って，数学はその応用を通して自らを正当化しているのだということを，たとえ認めたとしても，そのときには数学の総体は，それでもなお数学が一体として結びつけられているのはなぜか，その合理的な理由を要求してくることに

なるでしょう．ある決まった分野の数学の主流から離れて，漂いはじめた部分は，何か直接的なやり方で，自身の正当性を主張しなくてはならないのです．

数学の総合力と一体化を維持していくために必要な均衡力は，一層洗練された抽象的な概念を発展させることによって得られます．抽象的な概念のもっともすぐれた点は，広い総合性を生み出していく力となることであり，したがってこれによって，多くの個々の事例は，ある大きな原理の特別な場合となってくるのです．多くの分野においてこのことは非常な成功をおさめてきました．そして19世紀数学の多くの部分は，大きく失われるようなこともなく，より抽象的な高い視点に立って20世紀数学の中に吸収されていくことになりました．このことは，群論（対称性の研究），トポロジー（連続性の研究），確率論（ランダムな過程の研究）のようないくつかの数学の核心部分が，数学を大きく統御していることからわかります．

過去の業績を統一するのに役立ち，またさらなる発展の道を明らかにするような新しい概念は，数学の進歩にとってもっとも本質的な構成要素となってくるものです．結局，多くの概念は，難問の解答，あるいは新しい発展と同じように重要なものであり，すべてのものをつなぎ合わせる役目をしているのです．実際，本当に稔りある概念は，より具体的な仕事と結びついて，長い時間をかけて出現してくるものです．概念が突然誕生してくることは，ごくまれなことです．

幸いなことに，時間の推移にしたがって，数学をまとめてくれる助けをしてくれるような，いくつかの要素もあります．新しい大きな躍進は，伝統にしたがって張られていた境界線を完全に打ち破って，そこを乗り越えて現われてくるようなものです．この中でもっとも目を見張るような成果は最近の「ソリトン」(soliton) に関わるものであり，そこには多くの注目すべき点が示されました．これは物理学と力学に関わる多くの分野から登場してきたもので，広い関心を呼び起こしました．過去20年間，ソリトンについての理論的な研究は，驚くような方法で非常に進み，数学のほとんどすべての分野と影響し合い，そして数学の統一へ向けての強い効果ももたらしました．

この例は，より一般的な次の事実も明らかにしています．それは数学の外部から数学にもたらされる多くの問題は，既存の専門家の分類とは，必ずしもぴ

ったりと当てはまらないこともあるということです．数学とほかの専門分野との間の相互交流は，このようなことで数学内部が分裂することをあらかじめ防いでくれるはたらきもしてくれます．

7. 応用数学

　私はこれまではおもに純粋数学について述べてきましたが，それでもところどころで外の世界への数学の応用についても触れてきました．私はここで純粋と応用との両者のバランスをとらなくてはなりません．数学は誰でも知っているように，非常に広い領域に応用されています．そしてまた物理科学においては，数学は絶対欠かせない言語として，また枠組みとして，その学問体系の中に取りこまれています．このことが物理科学で，その最終的な解析の段階において，数学を用いる主要な根拠となっています．そしてさらにこのことが，数学が少数の人たちだけが覗きこめる奥義のようなものではなくて，教育や社会的観点から見ても，広く基本的な要素を与えているものとなっているのです．

　しかしそうかといってこのことが応用可能な数学だけを正当化する理由にはなりません．どんな科学分野に対してもいえることですが，すぐ役立つような実際問題を短い言葉で強調することと，長期の戦略を立てて行なう基本的な純粋研究との間には，バランスがとられていなくてはなりません．純粋数学は，この点についてはほかの科学における純粋研究とは本質的に異なるものではありません．それは極度に純粋化されており，その多くは，どんな応用からもはるかにかけ離れたところにありますが，これは純粋数学の応用がまったく多様なところに広がっていることから避けられない結果なのです．

　私は前に，数学の発展の上で「問題」が果たす中心的な役割というべきものを議論してきました．これらは数学自身の中から生まれてきた純粋に数学内部の問題か，あるいはほかの分野から生まれてきた外部からの問題に分けられます．外部からの問題は，数学に対してつねに付加的な刺激を与え続けてきました．しかし長い目で見れば，これは数学の活力の維持に対して本質的な役目を果たしてきたのです．時にはこれらの問題の中には，数学の枠の中にすぐに納まってしまうものもあり，その時に数学のする仕事といえば，ひとつの解を見

つける正しい手順を求める技術的なものとなります．しかし，しばしばあることですが，そこから新しい数学の枠組みをつくり出していかなければならないことがあります．そのときには，実世界の中で研究されていた現象が，基本概念の上に反映されてきます．数学はこのようにして，他分野との交流を通して深さと広がりを得，そして成長していきます．

数学の応用にはいろいろ違うタイプがあり，それぞれの分野で広く展開しています．そのためこのことについてかんたんにコメントしておくことも理解の助けとなるかもしれません．

7.1 物理科学

数学と物理学との関係は非常に深く，そしてそれは何世紀も前に溯るものです．微積分を含む数学の大部分は，数学と物理との関連の中から最初に生まれてきました．しかし現在の物理学はそれとは逆に，もっとも抽象的な数学を使っています．一般に，数学は物理学と工学に対しては驚くべき成功と，それにふさわしい手段をもたらしました．

7.2 生物科学

ここでの数学の応用は，遺伝学と人口増加のような領域と，さらに生物学における物理化学から生まれてきた分野を含んでいます．一層新しい考えを含んだものが，形態発生学，また巨大分子の幾何学の問題として現われてきています．しかし，生物学の将来において，数学がどれほど重要なものになるかについては，まだはっきりとは見えてきていません．生物学は，かつて物理学がそうしたように，数学の中に自分自身のブランドとなるようなものを見出していくことになるのでしょうか．私たちは虚心でそれを見守っていかなくてはなりません．そしてまた新しい方向へと進むことを励まし見守る一方で，健全な懐疑論というような立場に立つことも求められるでしょう．このような新しい分野が数学に過度に求めすぎることは，時にはやぶへびとなってしまうこともあるのです．

7.3 社会科学

社会科学では，この30年の間に統計，オペレーションズ・リサーチと，それに関連する活動が活発となってきて，社会的にも広く用いられるようになってきました．多くの点で財政や，雇用に関わる問題にも結びついてくるようになり，ここにおける社会科学のはたらきは，いまでは物理学における数学の役割と比較できるようなものとなってきています．しかし社会科学が数学そのものと深く関わるようになってきたのは，ごく

最近になってからのことで、まだなお浅いレベルにあります。しかしここにはこれから起きるかもしれないことへの危惧もあります。それは財政的・経済的な面での圧力が、いままで長い伝統を守って築いてきた豊かな数学の分野とは、まったく異なる方向へと、数学自体を向けるような力としてはたらいていくかもしれないということです。

7.4 コンピュータサイエンス

数学とコンピュータサイエンスとの関係は非常に相関性の強いものです。チューリングやフォン・ノイマンのような数学者は、コンピュータの開発の初期段階で、著しい貢献をしてきました。コンピュータ言語の領域で、論理が重要なはたらきを示すものとして用いられるようになってきました。コンピュータは、複雑な方程式系に対する数値解を生み出し、それは大きな影響をもたらしました。一方、コンピュータは登場してから一貫して、長い間数学をバックグラウンドとしてきています。コンピュータサイエンスは、数学を呑みこむかもしれないような、危機的な状況さえつくり出してきています。このようなことは、いままで起きたことはありませんでした。私は、それでも来るべき何十年間にわたって、コンピュータサイエンスは、数学に対して最大の潜在的な挑戦をしかけ続けてくるだろうと信じています。

8. 社会との関係

どんな分野の科学とくらべてみても、間違いなく数学は、街行く人々にとってはもっとも遠いところにあります。人々は数学研究がどんなものかなどについても毛頭考えたことなどありません。ふつうの人にとっては、数学といっても、学校で一生懸命になって取り組もうとした（といっても不成功に終わることも多かったでしょうが）、初等的な教材——算数、幾何、代数、そして微積分の基礎——と重なって思い出されるだけでしょう。これらは、人々にとっては、生活とはまったく無縁な、切り刻まれて、乾ききった科目としか見えなかったに違いありません。それらが過去において、人間の努力によって創造されたものであるなどということは、ほとんど人々の心を横切ることはないでしょう。そして同じような創造的な仕事が現在もなお続けられているなどというこ

とは，想像することさえできないことです．

もちろんふつうの人も，数学は役に立つものであり，そしてそれは技術者，統計学者，それから科学者たちの間で使われるものであるということくらいは知っています．しかし，数学が抽象的で知的な学問分野として，独立した華々しい存在であることを，外部の人が認識することなど非常に難しいことでしょう．そのため数学者たちは，人々から畏敬と当惑のまじった目で見られることが多くなります．

数学者とふつうの人たちとの間のギャップは非常に深刻な問題を引き起こしています．これに対して，同じ時代の数学から適当な部分を取り出して，そこに誰でもわかるような説明を与えることによって，橋を渡してみたらということが考えられるかもしれませんが，これはできないことではないとしても，非常に難しいことです．この試みはたとえうまくいったとしても，せいぜい部分的な解決にしかならないでしょう．私の考えですが，一層基本的なアプローチとしては，数学と，数学が重要なはたらきをしているほかのすべての学問分野との関連を深め，それを通してこの試みを行なっていくということもありそうです．科学に携わっている研究者たちは，数学の真の性格を評価できる大変よいポジションにいます．彼らがそこで直接関わっているのは，自分たちが研究しているテーマだけだとしても，このテーマ自身がすでに数学的なアイディアの高さを評価できるような，ひとつの基準を与えてくれるでしょう．

数学以外の（広い意味での）科学者たちが数学を支持してくれることが，結局は，数学と社会との関係は健全なものであり続けてほしいという希望に保証を与えてくれることになるでしょう．たとえ純粋数学者たちが，応用分野との相互関連から生まれてくる知的な成果（私は前にこのような成果の正当性を論じました）を疑問視するようなことがあるとしても，彼らは自分自身の興味からひとまず目を離してでも，応用に向かっている同僚たちの仕事に，より近づいてみることが求められてくるでしょう．1960年代の世界経済の過度な拡張のあとを追って，さらに現在の一層巨大な経済上の現実主義が広がってきましたが，それがさらに数学の応用分野への注目を強めていったという声もあります．私はこれは，その前の時代に自由にされたまま進んできた純粋性に対する，健全な補正の動きであると信じていますが，同時にこの方向に向かって極

端に乗り移ってしまうようなおそれもここにはひそんでいます．数学が，いろいろ異なった研究グループに属している，よく手なづけられた少数の数学者たちを抱える一種のサービス機関のようになることがあれば，それは数学を化石へと変えてしまうレシピを示していることになるでしょう．数学がその完全な一体性を維持していくためには，適当なバランスを保っていくことがつねに必要なことなのです．

　前に私は，数学は安上がりの学問であり，大規模な政府援助のようなものがなくとも，(そのときは多少遅れは出るかもしれませんが) 進歩していくことはできるだろうと述べてきました．これはしかし豊かな創造力を内に秘めている数学者たちが，経済的な面や，社会的な面からの圧力によって，別の職業に誘いこまれるようなことはないという前提のもとでいえることです．ニュートンは偉大な科学者でしたが，造幣局の長官としてのより実務的な仕事は，はたらきとして，同格のものとはほとんど言い難いものでした．コンピュータサイエンスの発展と，それに伴ってそこに向けて異常なほどに引き出されてくる巨大な資金は，あるいは数学に対してひとつの危機を招くようなものになるかもしれませんが，それは数学が資金面で行きづまって倒れてしまうということではなく，未来のニュートンになるのではないかと期待されるような人たちが，数学から差し延べられた手をふり切ってしまうのではないかという危惧から生じてくるものです．数学はお金がなくともできるかもしれませんが，頭脳なしでは無理なのです．

　社会は概して数学の研究レベルがどこまで進んでいるかというようなことは知らないでしょうが，それでも数学は教育における重要な構成要素となっています．社会は理数系の市民が多数供給されることを望んでおり，そしてこのレベルでは数学は一般に尊重されています．教育において強く積極的な関心を維持していき，さらに教育と研究との間の連関を強めていくことによって，数学者たちは，一般社会との関係を改善することができ，そして孤立化の方向を弱めることができるでしょう．

9. 不 一 致

　多くの数学は，「証明」がつけられている形式的なスタイルにしたがって提示されていますから，内容が正しいか，誤りかということを，深く立ち入って真剣に議論を戦わすようなことは，ごくまれにしか起きません．もちろん間違いが起きることもありますが，そんなときでもそれがすぐに見出されるとは限りません．時には，証明に要点だけしか記さなかったために，数学界から正しいと認められないこともあります．しかしこういうことが起きるのは比較的まれなことで，2, 3年たつうちにはふつうは誤りを正すことができます．

　応用を目的とする場合には，発見的な発想が用いられるので，議論が起きることはごく日常的なことです．この議論で典型的なことは，単純化，あるいは漸近的な方法がないかということで，これが目的としているものは，複雑な実生活から起きる状況を，扱いやすい数学的状況へと還元することにあります．ここでの最終的な検証は，経験的なものに向けられます．「数学は果たして実世界と合致させることができるのか？」

　数学とその応用との間で，本当の不一致が起きるのは，技術的な細かい部分に関することではなくて，価値観，またはその意義によるものです．ひとつの数学の分野の中では，共通の標準的な基準が存在しており，その価値は，困難さ，オリジナリティ，見通し，エレガントさ，統一力のような基準で測られます．現実に生じてくる不一致は，異なる分野の間で，相対的な価値が比較されるときだけ生じてきます．数学にたとえてみれば，どうして代数のある分野の重要性と，解析のある分野の重要性とを一緒にして比較できるでしょう．このような比較によって価値判断を試みることは，的を外れている（また危険なことでもありうる）と考えている人たちもいます．結局は，ひとりひとりが自らの導きの星にしたがっていくことがよいのでしょう．そうすれば議論を進めていくことができ，そして最後には，最高の真理がすべてを統べることになるでしょう．これが「したいものはさせておけ」(laissez faire) の決まりです．あるいはもしそういういい方が許されるならば，これこそアカデミックのもつ自由性というべきものなのです．

　このような観点に対しては，なお多くのいうべきことがあるでしょう．どん

な分野であるにせよ，いまはひとかけらの価値すらないと見える研究であっても，その最終的な真の価値は後世の人によって決められます．それでも不幸なことは，現実世界においては，決定するにあたって，しばしば何らかの価値判断を含んでいなければならないということです．どの論文を掲載すべきなのか，どの学生がフェローシップを得るべきなのか，あるいは誰が教授になるのか？　ひとつのもっともらしい判断基準は，外部世界と何か関連をもっていると見られる研究テーマには，特別の重みを与えることです．これは筋道の通ったこととして認められるようなひとつの方策となるものかもしれません．しかし実際は，外部世界に向けてのその応用は，場合によっては長い時間をかけて行なわれ，遠い未来に賭けるような展開となるかもしれず，やはりリスクを背負っています．実際，歴史にはこのような例が多く散在しています．

　私がいままで主張してきた二者択一的な見方は，数学を全体としてひとつのものとみたとき，効果という面から査定するものになっています．しかしこれは実際はやさしい道ではありません．その効果がどのような形で現われてくるかを，あらかじめ推測しておかなければならないような状況が，しばしば起きてくるからです．しかし上に述べたことは，少なくともこのことについてひとつの判定基準のあり方を示したものにはなっています．そしてこのような判定基準があるということは，その性質上，数学がひとつのまとまった姿を保ち続けることを示しており，その分裂を防ぐことにもなっています．私は実際，このことは数学のいくつかの分野の上に大きな影響力を与えるような大きな力となっているのだと信じています．これは民主的なプロセスとして，純粋に政治的な面からも理解されることになります．専門家たちによる委員会があるとき，そこで彼らは，その専門分野の多くのメンバーたちに関係するひとにぎりの研究テーマが，できるだけ支持されるように動いていくでしょう．

10. 結　論

　私が示してきたように，数学における進歩の基準は複雑で微妙なものであって，そしてその取り扱う主題にしたがって，多くの点でユニークなものとなっています．ここではむしろアイロニカルないい方になってしまいますが，考え

方の緻密さと，同時にまた結論の正確さについて，それ自身で誇ることができるような基準をどこにおくかということが，その価値を判断するときに問題となる，もっとも難しいことになるべきものなのです．たぶんこれは，ハイゼンベルクの不確定性原理のもうひとつの明示のしかたとなるものです！

　いままで挙げてきた判断基準のリストをふり返ってみると，改めて私は，最優先の重要課題とすべき「質」についてあまり強調することがなかったと思いました．これについてはベルンハルト・リーマンについて触れることで十分明らかにできることと思います．リーマンの全業績は，わずか1巻の全集に収められているだけです．しかしどの時代を通して見ても，リーマンはもっとも影響力のある数学者のひとりでした．彼の論文の多くは，まったく新しい分野への道を拓き，そして彼の死後100年以上たったいまも，積極的にその先へと開拓され続けています．そのもっとも有名なものは，高次元の微分幾何の基礎を与えたことと，アインシュタインの一般相対性理論の本質的な枠組みを提供したことにあります．

　たぶん私は，現在，数学がその古さにもかかわらず，非常に健全で，そして活動的な状態にあることを強調して終わりとすべきなのでしょう．古い多くの問題は，系統的に整然と解かれており，新しい展望はつねに開かれています．数学の共同体の中では，不確実さや，信頼の欠如などはほとんどありません．私の同僚たちの多くは，ここでとり上げた魂の探求のようなものに耽ける暇もないほどの忙しさの中で，いまも定理を証明し続けているのです．

研究はどのように行なわれるか

"How Research Is Carried Out"
1974 年

　講演にあたり，私に与えられましたこの講演のタイトルに，私は十分お応えすることは難しいのではないかと思っております．何よりもこのタイトルが実際何を意味しているのか，そしてここにはふたつの考え方がありうるということは，それほど明らかなことではないように思えたのです．研究が行なわれる過程は，研究を行う**方法**（method）にあると述べられることもあります——ここでいう方法とは，数学者が研究にあたって湧き上がる精神的なプロセスの中から生まれてくる，ある確かなものに向けての探求とでもいうべきものを意味しています．この精神活動は人間の心理学的な問題としても非常に興味あるものであり，アダマールやポアンカレのような有名な数学者たちを含む多くの数学者たちによっても書き綴られてきました．アダマールは，研究を刺激する方法として熱い風呂に2回続けて入ることを勧めています．ポアンカレは，よいアイディアの大部分はバスに乗ったり降りたりしながら得たものだといっています．

　私は研究を行なう過程について，もうひとつの見方もありうると思います．それは**態度**（manner）です．ここではこの言葉によって私は，数学のさまざまなスタイルのもつ多様性について話してみたいと思っています——数学の研究とは何か．そしてそれは異なる見解をもつ異なる人たちによってどのように

解釈されているのか．私がここで第二の見方，態度を取り上げようと考えたことについては，少し理由もありました．それは私の同僚のジョン・ハマースレイはきっと最初に述べた「方法」の方を選んでしまうだろうと思ったからです．したがって私たちはもう少し視点を広げる必要があるのではないかと考えたのです．そしてそれはまた私の講演がこのカンファレンスの講演の最初におかれていることにもよっていました．私たちはもう少し広い視野に立たなければならないと感じたのです．そして私は，このカンファレンスで数学のさまざまな分野での研究の展開が開示される前に，まず数学研究とは何かという問題設定からスタートしてみることは，それほど悪い考えではないと思ったのです．

　私は次のように話を進めていきたいと思います．私は数学研究の中から二者択一式の姿をもつものか，あるいは対照的な姿をもつものを取り出して，その全体像を見ていこうと思います．それらは議論のために対照的な場所におくのであって，一方を上げ，他方を下げるなどということはするつもりはありません．平等なバランスをとるように試みます．そしてそこに私の個人的な意見はあまり差しはさまないようにします．

　話を進める前に，まず主要なふたつの分野，純粋数学と応用数学があることを述べておきます．それに明確な区別づけをするようなことはありません．ただ，純粋数学と応用数学のすることには，大きく重なり合うところがあるとしても，やはり重要な違いがあります．このあとここで話をするジョン・ハマースレイは応用数学の側に立ってくれると思いますので，私がこれからお話するのは純粋数学についての考察です．

　最初に私が述べようと思っていることは，問題を解くことと，理論の間にある関係です．もちろん，まず両者について述べるべきことがあります．もし問題が解けることがないならば，理論のよいところはどこにあるのか．そしてひとつひとつの問題は興味があるものだとしても，ばらばらにされた問題が無限にあるということに何かよいことがあるのか．私はこのことを次のように見ることができるのではないかと考えています．あなたはたぶん提示されてきた問題をもってスタートを切ったのでしょう．それらの問題の中の多くは，もともと物理的な背景から生まれてきたものです．そしてその中の問題のひとつを解

こうとするときには，賢いアイディア——それはある種のトリックともいえますが——をもつことが必要になります．もし十分よい技法と，似たような問題が十分あるならば，そのときはさらに進んでいって，この技法をひとつのテクニックに変えられるでしょう．もしこの種の多くの問題があれば，あなたはここでひとつの方法を手にすることになり，そしてさらに非常に広範な領域が展開していれば，あなたはひとつの理論を得ることになります．これが問題から理論への進化の道です．

さて，あなた方がいままで問題を解くことで学んできたすべての事実を集めたとしても，もちろん理論のかなめとなるものがそれでつくられるということはありません．私たちが心に刻んでおかなくてはならないことは，数学は人間としてのひとつの活動であり，そして問題を解く目的，数学をする目的は，たぶん後世の人にあなた方が得てきた知識を，渡していくことにあるのです．さて，私たち人間の知能は有限であり，実際，無限に多くある問題を次々と消化していくことなどできませんし，またその問題全部を覚えることもできません．ごく大きな視野の中で捉えれば，理論の目的は，過去の経験を系統的に体系化することであり，そしてそれによって次の世代，私たちの学生，そしてまたその学生等々が，できるだけ苦しまないで，その本質的な様相を把握することを可能にすることです．そしてこのことが，あなた方が行き止まりの場所に迷いこむことなく，何らかの科学的活動を少しずつ築き上げていくことのできるただひとつの道なのです．とにかく私たちは，私たちの過去の経験を容易に理解できる形に何とか凝縮しようとします．理論とは基本的にそのようなものです．たぶんここで，これについてポアンカレがいわなければならないと考えた文章を引用できるでしょう．

> 科学は，一軒の家が石で築かれるように，事実から築かれている．しかし単に事実の集まりだけとするならば，それは石の集まりが家であるというより，一層科学から遠いものとなっている．

私が次に述べようと思っていることは，形式主義と厳密さの違いです．ここには長い歴史をもつ数学の中での二分法(ダイコトミー)があります．ある種の数学の形式的な

動きの中には，数学が正しい答えを用意してくれるまでの間，あまり正確さにこだわることなしに済ませてしまうこともあります．そのようなことは応用数学だけで起きることだろうといわれるかもしれません．しかしそれは必ずしもそうではありません．私は同じようなことは純粋数学でも起きていると思っています．もちろん歴史をふり返れば，形式的アプローチの有名な例があります．その例を導き出した人は，オイラーその人でした．オイラーは皆さんが知っているようにたくさんの重要な公式をつくり出しました．彼は，$\sum_{n=1}^{\infty} n$ のような荒々しい発散級数まで評価して，この値は $-\frac{1}{12}$ であることを見出しました．この正確な意味をこの公式にもたせられるようになったのは，1世紀あるいはそれ以上たってからのことでした．ほかの領域では，ヘヴィサイドと，のちに一般化された関数*を扱ったディラックの仕事などについてもご存知でしょう．それらも比較的最近まで厳密に基礎づけられることはなかったのです．このように数学の形式的アプローチというものは，あなたが一層賢い技法によって正しい結果を得るようになってくるとさらに前進し，そして厳密さについてあまり心配することもなくしてくれます．そして厳密さはあとからついてくるだろうと希望さえもてるようになってきます．

ここで厳密性のポイントとなるものは何かと質問してみたくなるかもしれません．あなた方の中には，「厳密性」の定義としては，「異なる考えをしっかりと結びつけるつなぎ目」を考えておられる方がいるかもしれません．しかしそれでは純粋数学で答えがどのようにして導かれるかを熟知した人たちにとっては，その活発な活動が抑えこまれてしまうことになるでしょう．ここで再び私たちは，数学は人間の活動のひとつであるということを，心に留めなくてはならなくなります．私たちの目的は，単に物事を見出すだけではなく，情報を次代に伝えることにあります．オイラーのように発散級数をどのように書き出し，そして正しい答えを見出すかを知っていた人は，しなければならないことと，そしてしてはならないことについて，すぐれた感性をもっていたに違いありません．オイラーは，たくさんの経験の中から積み上げられた直観をもっていました．しかしこの種の直観は，人に伝達することが非常に困難なのです．

---

* 「一般化された関数」(generalized function) は，包括的に「超関数」ともよばれている．

そのため次の世代の人たちは，これにしたがっていくとき，これがどうして考え出されたのかは知らないことになります．そして最初に中心にあって，それは個人の直観に非常に強く頼っていたものが，やがて一般の認識の対象となり，伝達可能なものとなってくるのです．私はこの種の直観のもたらす強みについて，否定するような気持はまったくありません．しかし次のことだけは強調しておきたいのです．このような直観がほかの人たちに移されていくためには，この直観にあいまいさがなくなり，そして最初に創造した人とは必ずしもその直観を共有していない人でも理解できるような仕方で，提示されるようにならなければならないのです．もちろんこのような話よりさらに進んで，あなたがある範囲の問題に取りかかっている間は，あなたの直観は，十分正しい答えを導いていくことができます．それでも今度はそれをどうやって正当化していってよいのかは，あまりはっきりとは見えてこなくなってくるかもしれません．しかしそれでもあなたは次の段階へと展開していくでしょう．そしてすでに築いた構造の上に一層念入りに考えてつくった問題をおくように進んでいくことになるでしょう．このとき最初の基礎工事は十分しっかりしたものにしておかなくてはなりません．そしてそれがしだいに重要なこととなってきます．そこでは厳密な議論をする必要性がふたたび到来してきます．なぜならあなたは建築物をつくり上げていく作業に入ったからです．もしあなたが堅固な基礎を固めておかなければ，全部の構造が危険にさらされることになるからです．

　次に私が述べたいことは，数学における深さと広がりの違いです．「深さ」ということでは，私は特別な分野または問題を，非常に詳細にどこまでもどこまでも深く掘り下げていき，ますます難しい結果を得るような動きをいっています．「広さ」ということでは，あなたが数学の広い範囲の上に，自分自身を薄く広げてしまったような状況をつくって，そこで広範囲にわたるある種の知識を得，その上であなたが発展させることができそうなことを試み，調べていくような動きをいっています．

　両者の見解を比較しながら，それぞれの有利な状況，とくにそれがひとりの大学院生の上にどのように影響するかを考えながら，このことについていくらか述べてみることにしましょう．あるひとつの領域を特殊化して，非常に深く入りこんでいくことはよいことなのか，あるいは，実際に進んでいく前になる

べく広い知識を得ることができるようにスタートを切るべきなのか，もちろんこれは非常に困難な決定ですが，それでもこのふたつの間でバランスをとれるところがどこかにはあるのです．しかしここでは落とし穴ともなる状況を少し述べてみましょう．もしあなたがひとつの領域に向かって非常に高度に専門化していき，たとえばリーマン予想のような，とびきり難しい問題を解くことを目指していくことになるとしましょう．あなたはある技法を手に入れようとして，そしてその完成を目指して，人生を費してしまうかもしれません．もしそれでもあなたが幸運ならば，それを解いて，たぶんいつの時代までも名を残す人になるでしょう．もし不運ならば，それはあまりにもひどいことですが，何も手にすることなどできないでしょう．ひとつの領域にどんどん深く入りこんでいく危険性は，あるとき，考えている問題が決して近づくことなどできないものであることが，はっきりとわかってしまう時がくるかもしれないということです．そのときあなたは，時間を完全に浪費したことに気づくか，あるいは数学のやり方を変えてしまうようになるかもしれません．また重要な興味ある問題と思ってそれに取りかかっていたものが，あなた自身それを解いてしまったら，それは単に末梢的な興味にすぎなかったのだと気がつくことがあるかもしれません．そんなときあなたは，いままでの分野を変更してみようと決めるでしょう．しかしそのときになって，それはあまりにも遅すぎたと気がつくのです．

　一方，ひとつの広い研究の最前線に立ってそこをスタート地点としてとることの利点は，若い研究者のうちは，そこでは比較的楽に新しいことが学べることにあります．もしあなたができる限り広い最前線に立って研究を出発させるなら，そこから将来に向けて大きな蓄積を得ることができるでしょう．数学的な流れや問題が変わっても，あなたはその流れにしたがって変わっていくことができます．これに対して，このような研究の方向に反対の人たちは，数学において重要なことは問題を解くことであり，したがってこのような数学研究の広がりは，数学をわき道へと誘いこんでいくことであり，あなたに対してあまり夢中になることは止めるべきだというでしょう．数学に幅をもたせるという議論は，数学の大きな本質は，いろいろ散らばっているものをひとまとめにするアートであるという考えによっています．結局，すべての数学は，さまざ

な科学分野の抽象化の究極というべきものであり，そして広範囲に適用されることを求めています．ここでまた私は，この私の考えにも合っているポアンカレの文章を引用することにしましょう．ポアンカレは次のようにいっています．

> 学ばれるだけの価値のある数学的事実とは，ほかのいろいろな事実とのアナロジーによって，何かひとつ新しい数学的事実を，私たちに教えてくれるようなものです．それはいろいろな実験的事実が物理法則へと私たちを導いてくれること似ています．互いに無縁なことだろうと長い間信じられてきたものの間に，疑いようもない親近性が明らかにされてくることにこそ価値があるのです．

実験科学からも，また数学の中でも，まったく離れ離れに見えていた事実をひとつにまとめ上げることは，数学のもつ本質的なはたらきというべきものです．数学には，自分自身をひとつの領域に閉じこめておく人たちや，ひとつの方向に向けてできるだけ成果を上げようとする人たちとは別に，数学の異なる分野をつなぎ合わせようと試みる人たちも絶対必要なのです．

　これから論ずるある種の二分法は，数学者ひとりひとりが数学を研究するとき，自分ひとりでするか，共同でするか，どちらを選ぶかということで，数学の内容そのものにそれほど関係する話ではありません．ここでも数学者ひとりひとりによって大きな違いがあります．ある人たちは，ほかの数学者たちと共同で研究することをまったく好まないか，そういうことがもともとできないのです．彼らは自分自身でベストをつくして考え，そしてそれを自分で論文にします．それがこの人たちの仕事のやり方なのです．そうでない人たちは，多くの同僚たちと一緒になって研究することを好み，これによって活発な議論が生まれ，そしてそこから将来に向けて非常に多くのものがもたらされてくることになります．まず何よりもあなたがほかの数学者と共同研究をはじめるならば，実際用いることができるテクニックは増え，そしてさまざまな問題に向けて数学的視点も広がっていきます．数学という学問の中で，その多様性がどんどん増加してくるようになると，誰もそのすべての分野を自分のものとすることは困難になってきます．そして私がすでに述べたように，興味ある問題の多

くは，数学の異なる分野からの相互作用によって生まれてきますから，数学者たちが一緒になることがますます必要になってきて，そこでは彼らのもっているものを集中的に集めて，それを攻めていくようにしなくてはならなくなっていきます．もちろん共同研究をするに際し，まったく見解の違う数学者と組んでみようか，などと考えてはいけません．あなたが必要とする人たちは，あなたと非常に多くの点で共有するものをもち，そしていくらかは同じような考え方をし，さらに似たようなことに共感を示してもくれますが，しかし個性的なものを創造するときには十分違いのある人となるでしょう．共同研究をすることで，もうひとつの大きな利点があります．もしあなたが数学のひとつの問題を真正面から攻撃しようとすると，多くの場合には，袋小路へと入ってしまい，あなたが目指そうと思っていたものも見失われてしまったと感ずることになるでしょう．そしてそんなとき，あなたはもしその曲り角の向こうを覗きこめさえすれば，すぐに解が見出せるのではないかと感ずるかもしれません．こんなとき，あなたのそばにいる誰か以外には，この曲り角の向こうをいつも見ている人はいないのです．数学ではたったひとつのことで行手が阻まれ，何年間も何年間も手つかずの状態になってしまうこともしばしば起こることです．それは単に精神的なブロックがかかってしまっただけかしもしれません．あなたには次のステップが見つけられなくても，それはそばにいる人がすぐに見つけ指摘してくれるような，つまらない理由によるものかもしれないのです．これは誰にでも起きうることであって，これこそ共同研究が助けてくれるような状況なのです．さらにもうひとつの危機的な状況もあります．私たちは間違いに陥りやすく，そして不完全な議論に向かって突進していきがちです．こんなとき，遠慮なしに議論にのってくれる人が側にいて，それに立ち向かい，議論の穴を埋めてくれることは本当に助かるのです．もちろんあなたも，あなた自身の穴を埋めるより，他の人の穴を埋める方がずっと容易なことなのです！

　最後に，これは決して見過ごしてはいけないことですが，ひとりで閉じこもっていることは，あなたの人生を無駄にしてしまう，もっとも苦しい道なのです．数学の研究は骨の折れる活動であり，私は人間的な観点からも共同で研究することのよさを思っています．それは数学的な思索のプロセスさえも，一層楽しいものに変えてくれます．私は共同研究のよさをこのように述べてきまし

たが，実際どたん場に落ちこんでしまったときには，あなたが自分自身について深く考えてみる以外には，選ぶべき道はないことも認めています．

　私がすでに述べたように，数学の将来に目を向け，そして数学に開かれた未来があるとしても，たとえば 500 年後に果たしてどうなっているかなどを予測してみることは非常に難しいことです．数学の研究の進み方が急速に加速していくにつれ，刊行物の量は膨大となり，また数学の多様化も進み続け，それらを私たちはどのようにコントロールしていくのか，また数学の異なる分野をどのように統合化していくのかが，問われるようになってきます．そのようなことを考えると，これから数学はますます協力し合う体制に進むようになることは，避けられないのではないかと思われてきます．

　私は次に，多少変わった数学と，主流となっている数学とを比較してみたいと思います．私たちは皆感じていることですが，数学にはある核心というべきものがあって，そこから数学の主要な問題が掘り起こされ，築かれていくとともに，また時には移しかえられ，そして重要なものだけが残されていきます．私たちは流れ続ける数学の主流をもっていますが，また多くの支流の小川をもち，それらは主流にそそぎ，主流を潤しています．あなたはできるだけ数学の中心にあって学ぼうとするか，あるいはあなた自身にまず立ち戻って，以前には知られなかったような興味ある領域を，新たに見出そうとするかをまず決めなくてはなりません．数学はここでは間違いなく，この両方のタイプの数学者を必要としているのです．真のパイオニアとよばれる人たちは，以前になされたことには包みこまれまいと，自分の目指す道へと旅立っていく人たちです．彼らは新しいスタートを切り，まったく新しい視点から何かを見ます．そしてそこに疑いようもなく見出されてくる数学の真に新しい創造と，真に新しい分野が，このようにしてスタートしたパイオニアたちによってつくられていきます．もちろんここでの危険性は，ほんの一握りの人たちを除けば，多くの人は不成功に終わるパイオニアとなってしまうことです．これを金鉱を掘り進んでいくことにたとえてみると，ひとりが金を見つけてしまえば，残りの人にはもうチャンスはないのです．だからあなた方は，はじめから次のことだけは認めておかなくてはなりません．あなたが先人が通って踏み固められた道を通ってさらに荒野へと向かって進んでいくときでも，そこで何かしらの数学はできる

かもしれません．そしてさらにあなたが幸運に恵まれていれば，あなたのその数学は，数学に驚くような新しいことをつけ加えたものとして認められるかもしれません．しかしそれでも 99% の反応は，「ええ，とても興味があります．しかしそれで何かがわかったということはないでしょう」です．ですからあとはあなたのチャンスを待たなければなりません．そこにはどこかギャンブルのようなところがあります．あなたは金の鉱石を掘り当てた成功者となるか，あるいは単に荒地に立ったかです．

しかし一方，数学の主流に留まり続ける困難さは，この領域が，これまでもっとも有名な研究者たちによって研究され続けてきたということです．したがってこの核心部分に向けて新しい貢献をすることなど，非常に難しいことになっています．もしあなたがこの領域で貢献できるようになれば，それは数学の主流の中に立つことなので，そのときは希望に溢れるときであり，あなたの寄与は非常に重要なことになってきます．

最後に，数学の議論のときに用いられるふたつの言葉，パワーとエレガンスについて対照してみたいと思います．私たちは皆，このふたつの言葉の違いについて多少の考えはもっています．パワフルな議論はエレガントである必要はありませんし，それはブルドーザのようにただ力だけで押し進んでいくような野蛮な力であってもよいのです．あなたはそのとき頁を一杯にするような数式を使って，掘り進んでいくでしょう．それは見苦しく見え，また実際に見苦しいものですが，それはそれで，そうやってあるものを手にすることはできます．一方，ほとんど大したこともしてないように見えるほどエレガントなアプローチをしていくときには，あなたはほんの 2, 3 頁を書くだけなのですが，よく見てごらんなさい，何とそこにはすべての人を驚かすような素晴らしい結果が最後に現われてきているではありませんか．

もちろん私たちは，このふたつの数学者のタイプを必要としています．疑う余地もないことですが，多くの結果は最初は単なる腕力だけで証明されてきます．辛抱強い人が，複雑さなどはそれほど気にかけずすべてを計算しきってしまい，そうして答えに辿りつくのです．それに続いて，その結果に感銘を受けたほかの人たちが，よく理解しようと試み，そして最後に，それが広く受け入れられるように，エレガントな形に仕上げます．それは単に出来上がりをよく

見せようとするものではありません．なぜなら数学がいきいきとして活動的なものであり続けてほしいとあなたが望んでいるならば，エレガンスはそれに対してもっとも重要な規準となるものだからです．もしほかの人たちに議論の本質的な部分を理解してもらおうと思うならば，それは基本的には単純でエレガントであるべきです．これらは数学の構造の中にあって，人間の心にもっともわかりやすく訴えてくるものであり，またよく理解されるものなのです．実際ポアンカレは，単純性を，数学の理論の先導力となるものと認め，それはほかのものよりも私たちに進むべきひとつの方向を選ばせてくれるものだといっています．そしてエレガンスは，最初の形の中よりは，次の第二段階で現われて，そこでしばしば重要なものとなります．

　私は，あるいはこのカンファレンスで，このあとの講演者の方々が取り上げられるような話題を話してしまったのかもしれません．エレガンスの問題は，そのタイトルから見て，ペンローズ教授によって一層詳しく述べられるのでないかと期待しております．もしよろしければ，私は数学のコミュニケーションの問題についても，少し述べておきたいと思います．私はいまは，いままで述べてきたことの多くは，広い意味ではこのことに関係していると思っています．数学のコミュニケーションは，まず何よりも数学誌の公刊に関わっており，そして皆さんがそこにどのように書かれるか，そしてどのように読まれるかに結びついてきます．しかしより広い意味にとれば，それではどのようにして数学は，私たちの同世代の人と，これからの世代の人に伝えられていくのか，そしていつまでも人間の活動となっていくのかということも含んできます．もし数学が続いていくことになるならば，たとえあなたが問題を解くために技術的な面を深めていくことがあったとしても，その理論的な面に向けては非常に強く，効果がよく見えるようにしていかなくてはなりません．もしあなたが，あなたの世代の数学を次の世代の数学者たちが理解することができるように，ひとつに総合することを望むならば，数学全体を単純化し，互いに結びつけておくことが求められてきます．そうすることで，初年級の大学生でも理解できるようにしておかなくてはなりません．結局それが，私たちがすべきこととして目指すことです．ニュートンとライプニッツによる偉大な創造，微分積分は，いまでは私たちは14歳の人に教えています．アインシュタインの相

対性理論は，確かに大学初年級に向けて教えられてはいますが，あるいは高校最後の学年でも教えることができるのかもしれません．このような例はいろいろあります．私たちの前の世代の人たちには，もっとも難しかった数学が，「蒸溜されて」，いまでは私たちは，それを非常に若い世代の数学者たちにも教えることができるようになってきました．そしてこれが，私たちのもつすべての数学的経験をひとつの形に圧縮することのできる唯一の道なのです．そしてこうすることで，私たちのあとの人たちにも，数学に夢中にさせ，数学を続けさせていくことができるのです．私は，もしあなた方がそのように受けとられるならば，これこそ私のこの講演の主要なテーマであったといってもよいのです．一方，私たちの脳のはたらきについての魅力的な問題，私たちはどのようにしてアイディアを得るのか，熱いお風呂の中でなのか，跳び歩いているときなのか，バスを降りるときなのかなど，私たちを刺激するもっともよい方法については触れられなかったことは残念なことでした．しかし私は，数学的能力と，問題を解き，数学理論を築き上げていく偉大な多様性の重要さを認めていきたいと思っています．数学者はみんな同じことをしようとしているのだと考えてはいけません．彼らは，あるいは数学の同じ分野ではたらいている人たちかもしれません．しかしそれは同じ方法ではたらいていることを意味するものではありません．数学者には実に多くのタイプの人がいて，そして私たちは，彼らすべてを必要としているのです．

第 3 部

数学と数学者

20 世紀における数学

"Mathematics in the 20 th Century"
2000 年 6 月，フィールズ研究所（トロント）で行なわれた講演に基づく

アブストラクト　20 世紀における数学を特徴づけた，いくつかの中心となるテーマについての展望を与えることにする．物理への影響についても論ずる．そして 21 世紀において起こり得るような展開についても考えてみる．

　本日は，この企画に私にも参加するようにとのお招きを頂き，有難うございました．ここでひとつの世紀の終わりと，次の世紀のはじまりをお話ししてみようとするならば，そこにはこのふたつからどのように選んでいくかの問題が生じ，それは非常に難しいものとなります．ひとつは過去 100 年にわたる数学を概観することに関わり，もうひとつは今後 100 年にわたっての数学を予言することとに関わってくるからです．誰でも予言をすることはできるでしょうが，それが間違っているかどうかなど，確かめてみることはできないでしょう．しかし一方，過去の印象を述べることでは，こんどはひとりひとりの人が，同じ考えではないという事態も起きてきます．
　私のできることといえば，私の個人的な見解を述べるにとどまります．すべてのことに触れることなど，できることではありませんし，また話したいことの大切な部分を言い残してしまうこともあるでしょう．それは私がそのことについてエキスパートでないということによることもあるし，あるいはほかのと

ころでカバーされているということもあります．たとえば私は，ヒルベルト，ゲーデル，チューリングのような人たちの名前に結びつくような，論理と計算理論の間にある分野で起きた，大きな出来事については，何もお話することはできません．また私は数学の応用についても，基礎物理学以外は多くを語ることはできません．数学の応用は非常に数多くあり，それらはそれぞれ特別な取り上げ方を必要としています．それぞれはそれだけでここでのひとつの講演を必要とするものになっています．たぶん皆さんは，この会合で行われる講演の中から，その方面のことをいくつかお聞きになれるのではないかと思います．また私はここで，この100年の間の定理のリストや，有名な数学者のリストを挙げてみようなどという積もりもありません．そんなことは退屈なことにすぎないでしょう．その代わりに，私は，さまざまな方法で既存の境界を越えて，その後の発展の基礎を築き上げたようないくつかのテーマを，ここでは取り上げて述べてみたいと思っています．

　最初に一般的な注意を述べておきましょう．世紀というのは裸のままの数です．私たちは誰も，100年後に何かが突然止まってしまって，そこからまた新しい出発がはじまるなどということを考えたりはしません．したがって20世紀の数学を述べるときには，私は時間的なことはあまり気にしないで進んでいこうと思っています．あることが1890年代にはじまり，そしてそれが1900年代へ移ったとしても，そんな細かいことは無視していくことにします．むしろ私は，天文学者のように概算値で捉えていくことにします．実際多くのことは19世紀にはじまり，それが20世紀になって実を結んだのです．

　ここで実際話を進めていく上での難しさのひとつは，1900年に数学者がいたような場所に自分をおいて考えてみることなど，とてもできないということです．前世紀の数学の多くは，私たちの文化，つまり私たち自身の中にすでに吸収されてしまいました．人々が，私たちが現在使っているような言葉で考えていなかった頃のことを想像してみることは，非常に難しいことなのです．実際，もしあなたが数学で本当に重要な発見をしたならば，そのときあなたはすべてを投げ打ってしまうでしょう．そしてあなたはその発見の背景にあったものだけに没頭してしまうでしょう．もしいまと同じような考え方をしない違う時代の人たちが，同じように重要な発見をしたら，どのようにしたでしょう

か．それは想像にお任せすることになります．

1. 局所から大域へ

　私はいくつかのテーマを取り上げ，そのまわりを話してみることからはじめてみようと思っています．私の最初のテーマとしては，局所から大域への移行と広くいわれているものを取り上げてみることにします．古典的な時代では，小さなスケールのことや，局所座標の上で起きることなどがおもに研究されていました．今世紀に入って眼を向ける場所は，大域的な，大きなスケールの動きへと移り，それに向かってさまざまな試みをしながら，理解へ向けて努めるようになってきました．しかし大域的な動きを理解することは，大変難しいことで，そこでは位相的なアイディアが非常に重要なものとなってきたのです．トポロジーの先駆者として偉大な足跡を残したのはポアンカレでした．ポアンカレは，20世紀数学において，トポロジーがもっとも重要な要素になるだろうと予想していました．なお，ついでですが，有名な問題のリストを提示したヒルベルトは，その方向にはほとんど眼を向けませんでした．トポロジーに関するようなものは，彼の問題のリストの中にはほとんど見当たらないのです．しかしポアンカレにとっては，トポロジーが数学の重要な要素になるということは，まったく自明のことでした．

　いくつかの分野をあげてみると，私がどんなことをいおうとしているかがわかるでしょう．たとえば，19世紀数学の中心にあった複素解析（ふつう関数論とよばれているものです）を考えてみましょう．これはワイエルシュトラスのような偉大な人たちの仕事でした．この人たちにとっては，関数とは複素変数の関数であり，ワイエルシュトラスにとってはベキ級数でした．それはいわば手の上に乗っているようなものとして，はっきりと書き表わされており，ひとつの定式として取り出させてくれます．関数はここでは決まった式なのです．それは明確な対象でした．しかしそのあと，アーベル，リーマンとそれに続く人たちによって，しだいに状況は変わっていき，関数ははっきりとした式の形として取り出されるようなものではなく，むしろその大局的な性質によって示される性質——その特異点はどこにあるか，定義域はどこか，その値をど

こにとるのか——などによって，関数は特性づけられ定義されてくるようになったのです．局所的な展開は，単にそれに目を向けるひとつの方法にしかすぎません．

　似たような物語は，微分方程式でも生じました．もともと，微分方程式を解くということは，明確な形で表わされた局所解を求めようとすることでした．それを書き出し，そして手中におさめておくのです．理論の状況が発展していくにつれ，解は表立っては取り出されないようになってきました．必ずしもよい式の形で，それを書き出さなくともよくなってきたのです．解のもつ特異性が，大域的な性質を実際に決めるものになってきました．複素解析で起こったことは，同じような志向をより強く示していましたが，しかし細かいところではそれとは違っていました．

　微分幾何学におけるガウスとほかの人たちによる古典的な仕事は，空間の微小な部分，曲率の細片などが中心で，局所的な幾何学を記述する局所方程式系を使って行なわれるものでした．それから大域へ向けての移行はむしろ自然なもので，そこでは曲がった表面全体にわたっての姿と，その上でのトポロジーの様相を理解しようとしています．

　もちろん，同じような枠組みの中に入るものではありませんが，数論も似たような展開の流れの中にありました．数論の専門家たちは，彼らが「局所理論」とよぶものと「大域理論」とよぶもので，素数の取扱いを区別しています．局所理論では特定の素数，時にはひとつ，または有限個の素数について述べ，大域理論ではすべての素数を同時に扱います．素数と点とのアナロジー，また局所性と大域性とのアナロジーは，数論の展開において重要な効果をもたらし，そしてトポロジーに用いられているアイディアは，数論に大きなインパクトを与えてきたのです．

　物理学においては，古典物理学は，もちろん局所的なストーリーに関わっていました．そこでは小さな動きを支配する微分方程式をまず書き下します．そしてそこから大きなスケールの物理系の動きを調べていかなくてはなりません．すべての物理学は，小さなスケールからはじめるときには，そこでは何が起きるかを予言し，そしてそれが実際どのように起きるかがわかった上で，大きなスケールへと進み，そして結論へと導かれていくのです．

2. 次元の増加

　私の2番目のテーマはいままで述べたこととは違うものです．それは次元の増加とよばれるものです．ここではもう一度，複素変数の古典理論から出発することとなりますが，古典的な複素変数の理論は，ひとつの複素変数に対して，詳細に，そして十分細かいところまで調べていく理論です．ふたつ，あるいはそれ以上の変数へと移行することは，今世紀になってはじまりました．そしてこの分野で新しい現象が生まれてきました．必ずしもすべてのことが，1変数のときと同じというわけにはいきませんでした．そこにはまったく新しい状況が生まれてきたのです．そして n 変数の理論は，ますます力を増し，今世紀において大きな成功へと導く物語のひとつをつくることなりました．

　話を戻すと，過去の微分幾何学者たちは，おもに曲線と曲面だけを扱ってきました．私たちはいまは n 次元多様体の幾何学を研究していますが，皆様方はこれが大きな移行であったことを十分認め，そのことをよく考えてみて頂きたいと思います．昔は曲線とか曲面とかは，実際空間の中で見ることができるものでした．高次元の場合は架空的なものとして考えられるにすぎなかったのです．それを想像することは数学の中だけのことで，それを本気になって取り出して考えてみることなどありませんでした．高次元のものを数学の中で真剣に取り上げ，同じ目線で研究ができるようにするアイディアは，実際20世紀になってからの産物なのです．19世紀の先駆者たちにとっては，関数の数がどんどん増加していくときの状況や，ひとつの関数ではなくていくつかの関数を研究することや，ベクトル値の関数を考えることなど，そんなに明らかなことではありませんでした．しかしそういうところで私たちは，独立変数，従属変数の個数が増加するときの状況を見るようになってきたのです．

　線形代数にはいつもたくさんの変数が出てきます．そこでは次元の増加によって事態は劇的な動きを示すようになってきました．有限次元から無限次元へと，線形空間から無限変数のヒルベルト空間へと，移っていくことになります．ここではもちろん解析学が含まれてきます．多変数の関数のあとを追って，関数の関数——汎関数（はんかんすう）——がでてきます．この汎関数は，関数のつくる空間の上の関数です．これは本質的に無限変数をもっており，そしてここでは変

分法とよばれているものがはたらいています．似たような流れは，一般の（非線形）関数の上でも展開していきます．テーマは古いものですが，20 世紀になって勢力を増してきました．これが私の第二のテーマでした．

3. 可換から非可換へ

　第三のテーマは，可換から非可換への移行です．これはとくに代数学において，20 世紀数学のもっとも特徴的な姿を提示したもののひとつとなっています．代数学における非可換の局面は，数学の歴史の中でも極端に目立ったものになっており，そしてその源は，もちろん 19 世紀にまで遡ることになります．そこにはいろいろな源がありました．四元数に関するハミルトンの業績は，多分，飛び抜けて大きな驚きでした．さらにこの四元数は，物理学と関連するアイディアを動機として生まれたものでしたから，このことも大きな衝撃を与えたのです．外積代数に関するグラスマンの仕事もありました——これは現在では，微分形式の理論の中に，もうひとつの代数系として吸収されています．もちろん線形代数に基づく行列についてのケイリーの仕事，また群論についてのガロアの仕事は，それとは別の光彩に満ち溢れるものでした．

　すべてこれらのことは，非可換な乗法を代数の中に導入するための基礎をつくる，異なる方法，あるいは脈絡を見出していく道を与えており，そして 20 世紀代数学の展開の中ではたらく基本となるもの——パンとバター——となったのです．ここではこれについてこれ以上立ち入ることはしませんが，しかし上に述べたすべての例は，いろいろ違った方法で，驚くほど多くの発展の方向を，すでに 19 世紀で示してきたのです．実際，これらのアイディアの応用は，いたるところで，いろいろな方向に向かって湧き上がってきました．物理学においては，量子力学にも行列と非可換乗法の応用が現われました．ハイゼンベルクの交換関係は，深い意味をもつものであり，物理学における非可換代数のもっとも重要な応用例となりました．これはのちにフォン・ノイマンによって，作用素環の理論の中で拡張されていきました．

　群論は，20 世紀数学を支配するような形をとってきました．これについてはあとで述べることにします．

4. 線形から非線形へ

次のテーマは，線形から非線形への移行です．古典力学の大半は，たとえ完全に線形ではないとしても，近似的には線形で，それはある種の摂動展開によって研究されていました．実際の非線形現象は非常に難しく，広い範囲にわたって本格的にそこに立ち向かっていくようになったのは今世紀になってからのことです．

ここでの話は，幾何学からスタートします．ユークリッド幾何学——平面・空間・直線の幾何学——では，すべて線形でした．そして非ユークリッド幾何学から，リーマンによる一層一般的な幾何学へと，さまざまな段階を経て，やがてそこでは本質的に非線形の世界が展開することになりました．さらにまた微分方程式の中での，非線形現象の本格的な研究は，古典的な扱いの中では取り上げられることもなかったので，微分方程式の枠組みは，それまでの中では見たこともなかったような広い範囲の現象の解明へと向けられるようになりました．私はここで，その中のふたつのもの，ソリトンとカオスを取り上げてみようと思っています．このふたつのものは，微分方程式の理論の中で，非常に違う様相を示しているものですが，ともに今世紀に入って極端に注目を浴びるようになり，よく知られるようになりました．このふたつは両極的な様相を示しています．ソリトンの方は，非線形微分方程式では予想もしなかったような秩序だった動きを示しましたが，カオスの方は，まったく予想もできない無秩序な動きを示しました．このふたつは異なった領域にあるものですが，ともに興味ある重要なものです．その関わるものは，ともに非線形現象です．ここでもやはり，ソリトンの初期の研究は19世紀末ごろにまで遡ることができます．ただしそれはごくかすかにです．

物理学では，マックスウェルの方程式（電磁理論の基本方程式）は，もちろん線形偏微分方程式です．これとちょうど対極にあるヤン・ミルズの方程式 (Yang-Mills equation) は，非線形の方程式ですが，それは物質の構造の奥深くにある力を支配していると考えられています．この方程式が非線形であるというのは，これが本質的にはマックスウェルの方程式を行列によって記述したものになっているからです．そして実際，行列は非可換であるという事実

は，この方程式における非線形項を生んでいます．したがってここでは，私たちは非線形性と非可換性との面白いつながりを見ていることになります．非可換性は，あるタイプの非線形性を生みます．そしてこれはとくに興味があり，重要なものなのです．

5. 幾何 対 代数

　いままで私は，いくつかの一般的なテーマを取り上げてきました．私はここで，数学における二分法(ダイコトミー)について話してみたいと思います．二分法はどの時代にあっても，後に揺れ，前に揺れ，つねに波打つように行なわれてきたものです．それは私にとっては，哲学的な思索や，注意を喚起するチャンスを与えてくれるものとなっていました．私は幾何と代数について，二分法にしたがって述べてみたいと思います．幾何と代数とは，数学にとって二本柱となっています．このふたつは非常に古いものです．幾何学はギリシア，さらにそれ以前にまで溯ります．代数はアラブとインドにまでその源が辿れます．そしてこのふたつは数学にとって基本的なものとなってきたのですが，その仲は決してよいものではありませんでした．

　まず歴史の話からはじめていくことにしましょう．ユークリッド幾何は，数学的な理論の最初となるものでした．それはデカルトが平面上に，いま私たちが座標平面とよんでいる代数的な座標を導入するまで，まったく幾何学的なものでした．これは幾何学的な考察を，代数的な枠組みへと移しかえていこうとする試みでした．このことはもちろん数学にとって大きな突破口となるものでしたが，一方，代数学者たちの側から幾何学へ向かって大きな挑戦がしかけられてくることにもなりました．もしニュートンとライプニッツを解析学の中で比べてみるならば，ふたりはまったく異なる伝統の中にありました．ニュートンは基本的には幾何学者でしたし，ライプニッツは基本的には代数学者でした．そしてこのことについてはよくわかる深い理由がありました．ニュートンにとっては，幾何学，すなわち彼が展開した微積分——calculus——は，自然の法則を記述するための数学的な企てでした．彼は広い意味での物理学と関わっていましたが，物理学は幾何学の世界から見られていました．物体がどう

して動くのかを知りたいと思ったら，物理的世界の言葉で考え，それを幾何学描像で捉えます．ニュートンは微積分を発展させていくとき，その後にある物理的な状況にできるだけ密着するような形で展開し，進めていきました．ニュートンはそのため幾何学的な議論を用いました．それはその意味するものにぴったりと密着して進めることができたからです．他方，ライプニッツの方は，目的，それも野心的な目的をもっていました．それは数学の全体系を形式化して，大きな代数的な機構に変えてしまおうということでした．それはニュートンのアプローチとはまったく正反対なものであり，そして全然違う記号を用いるものでした．ニュートンとライプニッツの間に起きた大きな論争はご存知でしょうが，少なくとも記号についてはライプニッツが勝利をおさめました．私たちは偏導関数を表わすとき，ライプニッツの表記に従っています．ニュートンの精神はいまもなお，そのままそこにありますが，それは長い間埋もれたままになっています．

100年も前，19世紀が終わろうとする頃に，ふたりの巨人，ポアンカレとヒルベルトが現われました．私はすでにこのふたりについては話してきました．このふたりは，多少乱暴ないい方になりますが，それぞれニュートンとライプニッツの使徒でした．ポアンカレは，幾何とトポロジーの理念に立って，これを深い洞察を与えるものとして用いました．それに対して，ヒルベルトは形式主義者の面が強かったのです．彼は公理化し，形式化して，それを厳密な表現形式として表わすことを好みました．どんな偉大な数学者でも，容易に型にはめて見ることなどできないのですが，それでもこのふたりの数学者は，明らかに異なる伝統の中にありました．

この講演を準備しているとき，この異なる伝統を引き継いでいるような，私たちの世代の数学者の名前もあげた方がよいのかもしれないと思えてきました．いま現におられる方について話すなどということは，大変難しいことです——誰をそのリストに載せたらよいのでしょう？　私はそこで自問してみました．このような有名なリストの両側にさらにひとりずつ並べるとしたら誰が思い浮かぶだろうか？　私はそこでふたつの名前を選びました．ニュートン，ポアンカレの伝統の継承者としてはアーノルドを，そしてヒルベルトの使徒としてはもっとも名の知れたブルバキを選ぼうと私は思いました．アーノルドはあ

からさまに,「物理学に対する自分の見解は,基本的には幾何学的であり,ニュートンにまで戻るものである」といっています.「多少のはずれはあるかもしれないが,リーマンのようなごく少数の人々を除き,中間にあるものはすべて間違いである」とまでいいきっています.一方,ブルバキは,数学を公理化し,定式化するヒルベルトのプログラムを,実際あるところまで遂行しようと努め,それはある程度の成功をおさめました.このふたつの立場にはそれぞれよいところがありますが,その間にははりつめた空気が漂っています.

ここで幾何と代数の違いについての私の見解を述べてみることにします.幾何学はもちろん空間についてのことで,このことについては何の問題もありません.私がいまこの部屋におられる聴衆の方々を見渡しますと,たくさんの人たちを見ることができます.1秒でも,1マイクロ秒でも見れば,私はたくさんの情報を手に入れることができます.そしてこのことはもちろん偶発的なことではありません.私たちの脳は,このように極端なまでに視覚と関係するようにつくられてきました.視覚,これは神経生理学を研究している友人から聞いたところによると,大脳皮質の80%から90%に及ぶ部分を用いているといえるそうです.脳の中には17くらいの違う部位があって,そこでは,それぞれ視覚のはたらきの異なった部分をつかさどっているのです.ある部分は垂直方向,ある部分は水平方向,ある部分は色または遠近,そしてある部分は,意味と解釈にまで関わっているそうです.私たちが見ている世界を理解し,またそこから意味を把握することは,私たちにとって非常に重要な役目を果たしてきました.空間的な直観,あるいは空間的な認知力は驚くほど強力なものであって,そしてそのことこそ,幾何学が実際数学において,このような大きなはたらきを果たしてきたことについての理由を与えることになっているのです——このはたらきは単に幾何学的なものに向けられているというだけでなく,そうでないものにも向けられています.私たちは,それらを幾何学的な形におき直してみようとします.それはそうした方が,私たちの直観をはたらかせることになるからです.私たちの直観は,もっとも強力な道具となってはたらくのです.このことは,生徒か学生に,数学のひとかけらでも説明しようとすると,すぐにわかることです.たとえば長い難しい議論を進めていって,最後には学生は理解してくれたとします.そのとき学生は何というでしょう? 学生

は"I see!"といいます．見ることは理解することと同義語なのです．そして私たちは「知覚」(perception) という言葉を，この両方のことを一緒に意味しているものとして使っています．少なくともこれは，英語としては正しいものです．ほかの言語と比べてみると面白いかもしれません．私は，人間の知性が，視覚の一瞬のはたらきで大量の情報を吸収するという，この驚くべき受容力によって進化をとげてきたことは，非常に根源的なことであったと思っています．数学はこのはたらきを携え，知性をさらにを完全なものとするのです．

一方，代数学は（あなた方はこれについてはそのように考えてこなかったかもしれませんが）時間と本質的な関わりをもっています．どんな代数を学んでいるときでも，そこに現われる演算の系列は互いに次から次へとはたらき合いながら進んでいきます．このことは一歩一歩そのはたらきの中に時間が入りこんでいることを示しています．静的な宇宙では，代数を想像することなどできません．しかし幾何は本質的に静的なものです．じっと坐っていても，ものを見ることはできます．何も変わらないかもしれません．しかしそれでも見ることはできるのです．しかし，代数，これは時間と関わりをもっています．それは代数では，次々と順に行なわれる演算作用を扱っているからです．ここでいう「代数」は，現代代数学のことをいっているのではありません．どんなアルゴリズムも，計算のどんな操作も，次から次へとステップを踏んで行なわれていくはたらきです．現代のコンピュータは，そのことを実に明らかに示してくれています．コンピュータは0と1の流れの中で情報をつかんでいます．そしてそれが答えを与えているのです．

代数は**時間**の中に演算操作との関わりを見出し，幾何は**空間**自体と結びついています．これは世界の互いに直角に交わる様相を示しており，それが数学においては，まったく異なる観点を生むことになっているのです．したがって過去に数学者たちの間で行なわれた，幾何と代数との間の，互いの重要性についての論議は，非常に深い根源的なことに触れていたのです．

もちろんここでは，一方が負け，他方が勝つというような議論をしようとしているわけではありません．私はむしろこれをアナロジーの形で捉えようとしているのです．「あなたは，実際は幾何学者なのですか，それとも代数学者なのですか？」と聞くことは，「あなたは耳が不自由な方がよいですか，それと

も目が不自由な方がよいですか？」と聞くようなものです．もしあなたが目が不自由ならば，空間を見ることはできません．もしあなたが耳が不自由ならば，聴くことはできません．そして聴くことは時間の流れの中に託されることになります．そして概して，私たちはふたつの能力をもちたいと望みます．

　物理学においても，物理の概念と実験との間で，大ざっぱにいえば，同じようなことが平行して起きています．物理学は，ふたつの部分をもっています．理論（概念，アイディア，言葉，法則）と実験組織です．広い意味で捉えれば，ここでの概念は，幾何学的なものであると考えてよいと私は思っています．実際それは実世界に起きる物事に関わっています．一方，実験は代数計算のようなものです．それは時間の流れの中で行なわれます．数を計測し，そしてそれを公式の中に挿入していきます．しかし実験の背後にある基礎概念は，幾何学の伝統の一部分と重なっているのです．

　一層哲学的な，あるいは文学的な枠組みの中で，二分法を試みる道としては，代数とは，幾何学者にとっては，「ファウストの贈り物」とよばれるようなものである，といってみることも考えられます．誰でも知っているように，ゲーテの悲劇の中でのファウストは，彼が欲するものはどんなものでも（ファウストの場合は，ある美しい婦人との恋でした）悪魔から与えられましたが，代わりに彼は，魂を悪魔に売ってしまいました．代数は，悪魔が数学に手渡した贈り物です．悪魔はきっとこういうでしょう．「ぼくは君に，こんなに強力なマシーンを与えようと思う．これは君が好むどんな問題にも答えを与えてくれるだろう．君がぼくにしなければならないことといえば，幾何学など止めてしまうことだ．そしてかわりにこのすばらしいマシーンを手にするんだ．」（現在このマシーンはコンピュータのことだと考えることができます！）もちろん私たちは両方とももっていたいと思います．私たちは，あるいは魂を売ったようなふりをして，悪魔をだましてしまうかもしれません．いずれにせよ，いままでもっていたものを決して手離すことなどありません．それでも私たちの魂の中には危険がひそんでいるのです．なぜなら，もしあなたの代数計算の中に，あなたがすっかりのめりこんでしまうときには，深く考えることなどやめているでしょう．幾何学的に考えることも，意味について考えてみることもやめてしまうのです．

私は多少代数学者にとってはきついことをいってきたのかもしれません．しかし基本的には，代数の目的はつねにひとつの公式をつくることにあり，それはいわば機械に乗せ，ハンドルを回すと答えが得られるようなものです．こうすることで意味をもつような何かを手にしたと考えてしまい，それを定式化して取り出し，これで答えが得られたと思ってしまうのです．このプロセスにしたがってしまうと，代数の中で現われてくるいろいろな段階が幾何学の中でどのようなものに対応しているかを，それ以上考える必要などなくなってしまいます．このとき，洞察力は失われているのです．しかしこの洞察力こそが違う段階に進むためにもっとも重要なものなのです．どんなときでも決して洞察力というものを見捨ててはいけません！　そこに立ち戻りたいと，あとになって思うことがあるかもしれないのです．私がファウストの贈り物といった真意はここにあったのです．もちろんこの見解が異論を招くものであることは確かです．

　幾何と代数との関係をテーマとしたこの選択は，ふたつのものを混乱させ，混合物をつくり上げるように進んできました．代数と幾何との区別は，そんなに明確なものではなく，私が述べてきたようにむしろナイーヴなものです．たとえば代数学者たちはよく図式を用います*．図式には幾何学的直観以外の何かがあるのでしょうか？

---

* 図　式　たとえば A, B, C, D を群とするとき，下の「図式」(diagram)

$$\begin{array}{ccc} A & \xrightarrow{\varphi} & B \\ \downarrow \psi & & \downarrow \psi_1 \\ C & \xrightarrow{\varphi_1} & D \end{array}$$

では，φ, φ_1, ψ, ψ_1 は準同型写像を表わす．このとき A から D への準同型写像について $\psi_1 \circ \varphi = \varphi_1 \circ \psi$ が成り立つとき，この図式は可換な図式であるといって

$$\begin{array}{ccc} A & \longrightarrow & B \\ \downarrow & \circlearrowright & \downarrow \\ C & \longrightarrow & D \end{array}$$

のように表わすこともある．

6. 共通のテクニック

　これまでは，テーマとして取り上げてきたものの内容についてはあまり立ち入らずにきましたが，これからは用いられてきたテクニックや，方法に向けての話に戻ることにしましょう．多くの広い分野に適用されてきたたくさんの共通な方法に目を向け，そこを中心として述べていこうと思います．

　ホモロジー理論　ホモロジー理論は，伝統的にはトポロジーの一分野としてはじまりました．これは次のような状況に関わっているものです．見通しなどとても得られない複雑な位相空間があります．そこから穴の個数や，似たようなものを数えることから得られる情報を引き出したいと思い，複雑な空間に，ある加法的な線形不変量を対応させます．そこではもし望むならば，非線形の状況の中から線形不変量を得るような構成の仕方もあります．幾何学的には，足したり引いたりできるサイクルを考え，そしてそこから空間のホモロジー群とよばれるものを得ていきます．ホモロジーは，もっとも基本的な代数的な道具で，位相空間からいくつかの情報を引き出すための方法として20世紀の半ばにつくられたものです．ここでひとつの代数の分野が，幾何学から抽出されてきました．

　ホモロジーは，ほかとの関連でも現われます．実際，ホモロジー理論のもうひとつの源は，ヒルベルトと彼の多項式の研究にまで遡ります．多項式は線形でない関数で，ふたつをかけると一層高い次数の多項式となります．共通の零点をもつ多項式の線形結合を，「イデアル」として考えたことは，ヒルベルトの偉大な洞察力によるものでした．ヒルベルトは，これらのイデアルの生成元を求めました．これらの生成元は余るほどあるのかもしれなかったので，ヒルベルトはその関係に注目しました．彼はこのような関係の間にある階層関係に着目し，「ヒルベルトのシズジー (syzygy)」とよばれる関係の階層構造を得ました．そしてこのヒルベルトの理論は，非線形の状況や多項式についての研究を，線形の状況へと還元する試みに向けて，洗練された方法として用いられるようになったのです．ヒルベルトは，非線形の目標となっている多項式についての情報のいくつかを，カプセルに包みこんでいくような，線形関係の複雑なシステムを，本質的につくり出していったのです．

この代数的な理論は，実際は位相的な理論と平行に進んでいます．そしてこのふたつは，いまでは「ホモロジー代数」とよばれているものの中で接合されてしまっています．代数幾何学では，1950年代における最大の成功のひとつとなるものは，層のコホモロジー論の発展と，ルレイ，カルタン，セール，グロタンディークといったフランス学派による，この解析幾何学へ向けての拡張でした．そこで私たちは，リーマンとポアンカレの位相的なアイディア，ヒルベルトの代数的なアイディア，さらにほどほどに投入された解析学との結びつきを見ることになったのです．

　ホモロジー理論は，代数学のほかの分野にも，なお一層広い応用をもつことがわかってきました．ホモロジー群は，非線形な対象に附随している線形な対象として導入されてくるのです．たとえば群，有限群，あるいはリー環，これらの双方にはホモロジー群を導入することができるのです．数論においては，ガロア群を通して，ホモロジー理論の重要な応用があります．こうしてホモロジー理論は，大きな範囲にわたる数学の状況を解析するための強力な手段のひとつとなることがわかってきたのです．これは20世紀における数学の，もっとも典型的な特性を明らかにするものとなりました．

K理論　　多くの点でホモロジー理論に非常に近く，広い応用をもち，数学の多くの部分に浸透しているもうひとつのテクニックは，少し遅れて誕生してきました．その起源となるようなものは，もっと前に溯れるのですが，実際にはそれは20世紀半ばになるまで現われてきませんでした．これは「K理論」とよばれているもので，実際，表現論と密接に関係しているものです．たとえば有限群の表現論は前世紀にまで溯りますが，しかしその現代の形ともいえるK理論は，もっと最近になって生まれてきたものです．K理論はまた，行列論を考えるひとつの試みであると見ることもできます．行列は乗法については可換ではありませんから，可換な不変量，あるいは線形な不変量をつくることが求められてきました．トレース（跡）と次元と行列式は可換な不変量です．そしてK理論は，それらを取り扱おうとするときの系統的な方法です．それはときには「安定線形代数」とよばれることもあります．このアイディアは，次のようなものです．2つの行列 A, B があって，それらが可換でないときには，大きな行列の中で A と B とを違うブロックに直交する位置

におくことによって可換となります．大きな空間の中では，いろいろなものを回して動かすことができますから，何かある近似的な考えを使うならば，よい情報を手に入れることができるかもしれません．そしてこれがひとつの技法として，K 理論の基礎となっているのです．これはホモロジー理論とも似ていて，ともに複雑な非線形の状況から，線形の情報を抽出しようとしています．

代数幾何学では，この考えはグロタンディークによって最初に導入され，驚くような成功をおさめました．またこれはすでに述べた，これより少し前の層の理論を含む話と密接に関係しており，またリーマン - ロッホの定理についてのグロタンディーク自身の仕事にも結びついているものです．

トポロジーでは，ヒルツェブルフと私とが，これらのアイディアを純粋にトポロジーの文脈へと移しかえました．グロタンディークの仕事は，ある意味ではヒルベルトのシズジーの仕事とも関係するものでしたが，私たちのこの仕事は，多項式の代わりに連続関数を使うことで，ホモロジーについてのリーマン，ポアンカレの仕事の方に，より結びつくものとなりました．これはまた線形解析学における楕円型作用素の指数定理でも役に立つものとなりました．

違った方向としては，ここでは代数方面へと向けられることになりますが，数論において潜在的な応用が，ミルナーとキレンとほかの人たちによって行なわれました．そしてその方向に向けて多くの興味ある問題が生まれてきたのです．

関数解析学では，カスパロフを含む多くの人たちの仕事は，連続的な K 理論を，非可換な C^* 環の状況へと拡張する方向に向けられました．ひとつの空間上の連続関数は，乗法について可換な代数をつくりますが，しかしこれと類似の非可換の状況は，ほかの方面から生まれてきたものです．そして関数解析学は，このような問題に対しては，扱う場所は自分たちのところだということをよく知っているのです．

このように K 理論は，数学のそれぞれの異なった部分の全体を蔽う広がりが，このむしろ単純ともいえるような定式化に身を委ねるような，もうひとつの数学の分野であるといってもよいのです．しかしここには，それぞれの場合に応じて，その領域に特有の，そしてその問題に含まれているほかの部分とも関連してくる，技術的に非常に難しい問題が生じてくるのです．K 理論は，

どこでも一様に使えるような道具ではありません．ひとつの部分とほかの部分との間にあるアナロジーと類似性を，均質性の中に納める枠組みなのです．

この仕事の多くは，アラン・コンヌによって「非可換幾何学」へと拡張されてきました．

もっと興味のあることですが，ごく最近，「弦理論」で活躍しているウィッテンが，K理論が「保存量」とよばれるものに対して自然な居場所となっているような，非常に興味ある考えを確立しました．過去においては，ホモロジー理論がこのようなことに対して自然な枠組みを与えていると思われていたのですが，いまはK理論が一層よい答えを与えるように見えてきました．

リー群 単なるテクニックという観点からはほど遠いところにある，もうひとつの統一的な概念は，リー群の概念です．現在リー群といえば，基本的な，直交群，ユニタリー群，シンプレクティック群と，それにいくつかの例外群とをあわせたものを指しますが，これらは20世紀数学の歴史の中で，重要な役割を果たしてきました．ここでまた話を19世紀へと戻すことにします．ソフス・リーは，もちろん19世紀のノルウェーの数学者で，彼とフェリックス・クラインと，ほかの人たちは，彼らが「連続群」とよんだものの理論を推し進めました．最初はクラインにとっては，これは異なった幾何学，すなわちユークリッド幾何学と非ユークリッド幾何学を統一しようとする方法となるものでした．この主題は19世紀にスタートしましたが，実際離陸したのは20世紀になってからです．20世紀では，たくさんのいろいろな問題をひとつにまとめる枠組みとして，リー群の理論が大きく数学を蔽ってきました．

クラインのアイディアが幾何学に果たした役割についてはすでに述べてきました．クラインにとって幾何学とは何の歪みもなくものを動かしたり回したりすることのできる，均質性をもった空間のことで，それはそこにはたらく等距離群によって決定されるものでした．ユークリッド群は，ユークリッド幾何学を提示しました．双曲幾何は，別のリー群によるものでした．こうして各々の均質な幾何学は，異なるリー群に対応しています．しかし，その後少し経ってから，リーマンの幾何学の仕事を追いかけるように，数学者たちは，均質性をもたないような幾何学にも関心を向けるようになってきました．このような幾何学では，曲率が場所ごとに変わり，空間の大域的な均質性など失なわれてし

まっています．それでも，このような空間も，各点の接空間はユークリッド空間の座標をもっているので，リー群はそこに無限小のレベルではたらくことができ，なお重要な役目を担っているのです．こうして接空間における無限小のはたらきとして，リー群は再度登場してくることになりました．しかしこんどは，異なる場所にあるふたつの点のまわりの状況を比較しなければならなくなり，ある方法で，さらに違うリー群も使って調べなければならないということも生じてきました．この理論は，実際エリ・カルタンによって展開されたものであって，それは現代微分幾何学の基礎となっているだけでなく，アインシュタインの相対性理論にとっても，本質的なはたらきをするものでした．アインシュタインの理論は，微分幾何学が展開していく過程で，大きな後押しをすることになったのです．

20世紀になって，前にも述べたように，数学の大域的な局面が動き出してくると，そこには大域的なレベルのリー群と，微分幾何学とが，ひとつに包みこまれていくようになってきました．ボレルとヒルツェブルフの仕事で，はっきりと特性づけられてきた重要な展開は，「特性類」とよばれるもののさまざまなはたらきを知ることにありました．特性類は位相不変量で，3つの重要な分野——リー群，微分幾何学，トポロジー——を結びつけるはたらきをしています．

より解析的な方向としては，いまでは非可換な調和解析とよばれるようになったものがあります．これはフーリエ理論の一般化となっているものです．もともとのフーリエ級数，またはフーリエ積分は，本質的には円周，または直線上の可換リー群に対応するものとなっています．もしこれを一層複雑なリー群に置き換えてみると，そこにはリー群の表現論と，解析学とが一体となった，非常に美しい洗練された理論を得ることができるのです．これは，本質的にはハリシュ・チャンドラのライフワークとなったものでした．

数論においてふつうそうよばれている「ラングランズ・プログラム」は，ハリシュ・チャンドラ理論と深い結びつきがあり，リー群の理論の中に包括されるものとなっています．どんなリー群に対しても，それと関連するような数論とラングランズ・プログラムがあり，それはある程度進められてきました．この方向は20世紀後半における代数的数論の展開の大きな部分に対して影響を

与えました．モジュラー形式の研究は，フェルマの最終定理についてのアンドリュー・ワイルズの仕事を含む物語の，この部分に関係するところによく適合しました．

リー群は，連続的な変化が求められているので，幾何学に関係のある分野にだけ重要なものだと考えられているかもしれません．しかし有限体上におけるリー群の類似は，有限群を生み，そして大体の有限群はこのようにして得られます．したがってリー理論におけるある部分のテクニックは，有限体や局所体などの離散的な状況においてさえ適用されます．そのほかにも，純粋に代数的と考えられるようなたくさんの仕事があります．たとえば，ジョージ・ルスティックの名前が登場してくるような有限群の表現の研究があり，そこではこのようなリー群そのものとは対照的なものにさえ，以前に述べた多くのテクニックが使われています．

有限群　ここでは有限群について述べますが，私にはこれについて思い出すことがあります．有限単純群の分類について，私は申し訳ないようなことをしてしまったのです．それは何年か前に，有限単純群の分類がちょうどすべてでき上がったとき，私はインタビューをうけ，そのことについてどう思うかと聞かれました．私はあわててすぐに，それはそんなに重要なこととは思っていない，と答えてしまったのです．私がそのように答えた訳は，有限単純群の分類でわかったことというと，ほとんどすべての単純群はすでに私たちが知っているものであり，例外となるようなものはごく少ししかなかったからでした．ある意味では，この結果はその分野を閉ざすものであり，そこからさらに進んでいく道が閉ざされてしまったことを示しています．あることが，先へ向かってさらに開かれている姿を示すのではなく，閉じてしまったときには，私はそれに対して心を躍らせるようなことはないのです．この分野に携っている私の友人たちは，みんな本当に，とてもがっかりしていました．私はこのあとしばらくは，弾よけのチョッキを身につけていなければいけないような気分でした．

しかしそこには救いの恩寵もありました．私は，実際いわゆる散在型単純群のリストの中で，位数が54桁の数となる最大のもの，「モンスター」に注目しました．私はこのモンスターの発見だけが，分類によって得られたもっとも興

味のある掘り出しものだったと思っています．モンスターは，数学の多くの部門に，予期しなかったような関連性をもっていました．それは楕円モジュラー関数，理論物理学，そして場の量子論にまで及んでいます．これは分類問題が引き出してきた興味ある副産物でした．分類それ自身は，私が述べたように，すでに扉を閉じました．しかしモンスターだけは扉を開けたのです．

7. 物理学からの影響

これから別のテーマに移ることにしましょう．それは物理学からの影響です．歴史を通して，物理学は数学と長いつき合いをしてきました．そして数学の大半，たとえば微積分は，物理の問題を解くために発達してきました．20世紀半ばには，純粋数学の多くは物理学とは独立に展開していきましたから，物理学との関係はそれほどはっきりしたものではありませんでした．しかし20世紀，最後の四半世紀で状況は劇的に変化しました．まずかんたんに，物理学と数学，とくに幾何学との相互関係についてふり返っておきましょう．

19世紀にハミルトンは古典力学を展開しましたが，そこで彼はいまはハミルトンの形式主義とよばれるものを導入しました．古典力学は，いまではシンプレクティック幾何学とよばれるものへ道を拓いてきました．これはもっとずっと前から研究されてもよかったような幾何学の分野でしたが，実際に本格的な研究がはじまったのは，この20年間にわたってのことでした．これは非常に豊かな幾何学の分野であることが，はっきりとしてきました．幾何学というとき，私がここで用いる言葉の意味では次の3つの幾何学の分野を指しています．リーマン幾何学，複素幾何学，シンプレクティック幾何学です．これらはリー群の3つのタイプに対応しています．シンプレクティック幾何学は，これらの中で一番新しいものであり，そしてたぶんもっとも興味あるものであって，物理学に密接に関係しているものです．実際この幾何学の起源はハミルトン力学と関係しており，そしてごく最近では量子力学とのつながりも出てきています．

さて，マックスウェルの方程式，これは私が前にも述べましたが，電磁理論の基礎となる線形方程式であり，調和形式に関するホッジの仕事の動機を与え

るもので，代数幾何学へと応用されました．これは驚くほど稔り豊かな理論であることが明らかになってきて，1930年以降の幾何学の研究を，しっかりと下支えするものとなったのです．

　私はすでに，一般相対性理論とアインシュタインの仕事について述べましたが，量子力学は，もちろん単に交換関係だけでなく，さらにヒルベルト空間とスペクトル理論の重要性を強調することに，驚くほど大きな力となりました．

　古典的な結晶学では，もっと具体的で明らかな形をとって，対称性は結晶構造と関わってきました．点のまわりではたらくことのできる有限対称群は，結晶学に応用されるということもあり，最初に研究されました．今世紀に入って，群論の一層深い研究は，物理学と関連性をもつことがわかってきました．物質を構成していると考えられている素粒子は，極微のところで隠れた対称性をもっていると考えられています．そのまわりには，リー群が隠れひそんでいます．もちろんそれは見ることはできませんが，素粒子の現実の動きを研究すると，これらの対称性は明らかなものとなってくるのです．こうして対称性が本質的な要因となり，いま一般に行なわれているいろいろな理論では，これらの中に入りこんでいる $SU(2)$ と $SU(3)$ のようなリー群が，もっとも基本的な対称群であるとしています．実際，これらのリー群は，物質の構造ブロックとして現われてくるのです．

　物理学に登場するのは，コンパクト・リー群に限るわけではありません．ノンコンパクト・リー群も，ローレンツ群のように物理には登場してきます．ノンコンパクト・リー群の表現論を最初に手がけたのは，物理学者たちでした．これらはヒルベルト空間上ではたらく表現となってきます．実際この状況は，コンパクト群では既約表現は有限次元なのですが，ノンコンパクトのときには無限次元となることによっています．そしてこのことを最初にはっきりと認識したのは物理学者たちでした．

　20世紀の最後の四半世紀，まさに世紀が終わりに近づいたとき，物理から数学へ，新しいアイディアが恐ろしい勢いで入ってきました．これはたぶん20世紀全体を通しての，もっとも注目すべき物語となるものでした．これそのものを述べるには，ひとつの完全な講義を必要とするでしょう．しかし基本的な見方に立てば，場の量子論と弦理論は，数学の多くの分野に向けて，新し

い結果，アイディア，テクニックをそこから見出せるような，注目すべき方法を適用してきたのです．このことで私がいおうとしていることは，物理学者たちは，物理理論を理解することによって，あることが数学的にも正しいだろうということを予言することができるようになったということです．もちろんそれは厳密な証明を与えたということではありません．そうではなくて，それは直観と，特別な場合と，アナロジーの，非常に強力な積み重ねによって支えられているものなのです．物理学者たちによって予言されたこれらの結果は，しばらくしてからふたたび数学者たちによって確かめられることになり，基本的には正しいことがわかってきたのです．しかしその証明を見出すことは非常に難しいことであり，それらの多くはまだ十分とはいえないものです．

この25年以上にわたって，この方向で，恐しいほど多くのものが数学に入ってきました．それらの結果は，極端にまで細部にわたっているものです．物理学者たちは，「これが真実のあるべき姿なのだ」というわけではありません．物理学者たちがいっていることは，「ここに正確な式がある．それは（12桁以上の数を含んだ式だが）最初の10桁までは確かに実験に整合した値を与えている」ということです．物理学者たちは，これが複雑な問題に対する答えになっているというでしょうが，それはあなたが求めようとしていたものとは違います．あなたが求めているものは，計算することのできる仕組みなのです．場の量子論は，数学的に理解することは非常に難しいものですが，応用してみるとそこには予想もしなかったようなボーナスをもたらす注目すべき手段を数学に与えてきました．そしてこれが実際この25年間に起きた，もっとも興奮する物語を生んできたのです．

ここにその物語のいくつかを挙げておきましょう．4次元多様体についてのドナルドソンの仕事，結び目の不変量についてのヴォーン・ジョーンズの仕事，ミラー対称性，量子群，そしてそこにちょうど適したものとして前に述べたモンスター群があったのです．

ところでここでの主題は，一体何だったのでしょうか？ 私が前に述べたように，20世紀には次元の数に変化が起きはじめ，結局，その数は無限に向けて進んでいってしまいました．物理学者たちは，そこさえ越えてしまいました．場の量子論では，無限次元空間の深みへ向けて，非常に詳細な研究を，い

ろいろ試みてきました．彼らが取り扱う無限次元の空間は，いろいろな種類の，典型的な関数空間です．それらの空間は非常に複雑なもので，単に無限次元であるというだけではなくて，そこには複雑な形をとった代数と幾何とトポロジーがあり，さらにそのまわりには大きなリー群——無限次元のリー群があります．20世紀数学の大半は，幾何学，トポロジー，代数学，そして有限次元のリー群と多様体上の解析学の発展に関わりのあるものでしたが，こんどは物理学のこの部分では，無限次元において同じようなものを対象とするようになってきたのです．もちろんこれは広大な広がりをもつ違う物語ですが，それは桁外れの結果をもたらす分野です．

　このことをもう少し詳しく説明してみましょう．場の量子論は，空間と時間の中で展開します．そして空間は3次元であると考えられています．しかし単純化されたモデルとして，ここでは1次元の場合を考えることにします．1次元の空間と，1次元の時間の中で，物理学者たちがきまって出会うものといえば，数学的には円周上の微分同相写像のつくる群と，円周からコンパクトリー群への可微分写像です．これらふたつの群は，無限次元リー群のもっとも基本的な例で，このような次元の中での場の量子論の中へと移しかえられていきます．しかしこれらは，あるときには数学者たちによって研究されてきた，まったく正当な数学的対象でした．

　このような1+1次元の理論では，時間・空間としてリーマン面をとることができます．そしてこれが新しい結果へと導いていくのです．たとえば与えられた種数をもつリーマン面のモジュライ空間は，19世紀にまで遡る古典的な対象です．場の量子論は，これらのモジュライ空間のコホモロジーについての，新しい結果を導きました．もうひとつの，むしろこちらの方が似通っている，モジュライ空間は，種数 g のリーマン面上の平坦な G バンドルのモジュライ空間です．これらの空間は非常に興味のあるもので，場の量子論はこれらについての正確な結果を与えてくれます．とくに体積に関する美しい公式は，ゼータ関数の値を含んでいます．

　もうひとつの応用は，曲線を数え上げることに関係しています．平面上で，与えられた次数で，与えられたタイプの曲線を見るときには，たとえばそれらのどれほど多くが，どれほど多くの点を通るのかが知りたくなり，こうして代

数幾何学における数え上げの問題に向き合うことになるのですが，これは19世紀からの古典的な課題となっていたものでした．これは非常に難しいのです．しかし，量子論から湧いてくる物語のすべての部分を占めている「量子コホモロジー」とよばれる，現代の仕組みの中でこれは解かれてしまいました．さらに平面上ではなく，曲がった代数多様体上にある曲線についての一層難しい問題に対しても，目を向けることができます．ミラー対称性とよばれるようになった，明確な結果についての美しい物語もあります．これらすべては1+1次元の場の量子論からくるものです．

もし2次元の空間・1次元の時間として，次元を1次元だけ上げると，結び目の不変量についての，ヴォーン・ジョーンズの理論が登場してきます．これも場の量子論での言葉を使って，エレガントな説明，あるいは解釈をすることができるのです．

またここから出てきたものに「量子群」とよばれるものがあります．量子群について，もっともすばらしいことといえばその名前です．これははっきりいって群ではありません！　それでは量子群の定義は何ですかと尋ねられると，私はそれに答えるためにもう半時間は必要となってしまうでしょう．それは非常に複雑な対象です．しかしこれが量子論と深い関係をもっていることについては，問題はありません．それは実際は物理学から生まれてきたものですが，ある特定の計算のために，かたくなな代数学者たちによっても用いられています．

もし私たちがもう一歩踏み出して，完全に4次元の場合（3+1次元）へと進むならば，そこでは4次元多様体に関するドナルドソンの理論が適応してきます．そしてそこでは場の量子論が，もっとも重要なインパクトを与えているのです．とくにそこでは，サイバーグとウィッテンが，物理的直観に基づきながら，同時に数学から見ても驚くべき結果を与えるような，両方にまたがる理論をつくっていくことになりました．これらはすべて特別な例にすぎません．まだまだたくさんあるのです．

そこには弦理論もあります．しかしこれはもう盛りを過ぎてしまいました！　いまお話しすべきものがあるとすれば，それはM理論です．これは非常に内容豊かな理論で，そこにはまたたくさんの数学的局面が現われてきます．そこ

から得られる結果を，いまはまだ消化している最中です．そしてこれは，これからやってくる長い時間，数学者たちを忙しくはたらかせることになるでしょう．

8. 歴史的な概要

　ここでは大急ぎで概要を述べてみようと思います．ごくかんたんに歴史に目を向けてみることにします．何が数学に起きてきたのでしょう？　私は楽な気分になって，18世紀，19世紀を，皆さんが古典数学とよんでおられるかもしれない時代として，またオイラーとガウスに結びつく時代として，そしてさらにすべての偉大な古典数学がつくり出され，発展していった時代としてみたいと思います．この時代の人たちは，これでもう数学はほとんど終わりに近づいたと思っていたかもしれません．しかし20世紀は，次々と新しいものが産み出されてきました．私がお話ししたいと思うのはこのことです．

　20世紀は，大きくふたつに分けられます．前半は，私が「特殊化の時代」とよぶようなものによって蔽われていました．この時代には，ヒルベルトのアプローチ，すなわち形式化する試みと，そこでの注意深い定義，そしてそれがどの分野でも用いられるようにしようとする試みは，非常に強い影響をもたらしました．私が前にも述べたように，ブルバキの名前は，この大きな潮に乗りました．そして人々は与えられた時間の中で，特別な代数的システム，あるいはほかのシステムの中で，一体どんなものが得られるのかに注意を集中させました．20世紀の後半は，私が「統一化」という言葉がふさわしいと思われるような流れになってきました．ここでは境界は外され，テクニックは，ひとつの分野から別の分野へと移っていくようになり，そしてすべてが，非常に大きな広がりの中で混じり合ってきました．統一化というようないい方は，このような動きを表わすのにあまりにも簡略化したものですが，それでも20世紀数学を見るにあたって，ある様相をまとめたものにはなっていると思います．

　それでは21世紀はどうなるのでしょうか？　私は21世紀は，量子数学の時代になるかもしれないといってきました．あるいは別のいい方がよければ，無限次元数学の時代です．これで何といおうとしているのでしょうか．量子数学

というのは，少し離れた場所に立っていうならば，「いろいろな非線形の解析学，幾何学，トポロジー，代数学を適切に理解する」ことですが，ここでまた「適切に理解する」という言葉が入りました．これは，物理学者たちが思索しているような，すべての美しいことに対して，それに厳密な証明が見出せるような方法で，理解する道を求めることをいっています．

もし無限次元に向かって，ナイーヴな方法で進み，そしてナイーヴな問題を探っていこうとすれば，ふつうは間違った答えを得てしまうか，答えはつまらないものになってしまうということは，ここでいっておかなくてはなりません．物理的な応用，洞察，動機は，物理学者たちに無限次元についての非常に興味ある問題を引き出させていくことになります．そして意味のある答えが現われてくることを望んで，ますます深く繊細なところへと入っていくことになります．したがってこのような道を進んで，無限次元の解析へと入っていくことは，決してかんたんなことではないのです．私たちは正しい道に向かっていかなくてはなりません．私たちは多くの手がかりをもっています．いまは方向性は示されています．それにしたがって進むことがすべきことです．しかし目的の場所に達するまでには長い道のりが待っています．

21世紀には，そのほかにどんなことが起こるでしょうか？　私はここでコンヌの非可換微分幾何学について強調しておきたいと思います．アラン・コンヌは，この壮大といってもよい統一理論を掲げています．ここでもまたすべてのことが結びつけられています．解析学，代数学，幾何学，トポロジー，物理学，数論，これらすべてが，この理論の中のある部分でははたらいており，結びついているのです．これは，微分幾何学者たちがふつうに行なっていることを，トポロジーとのつながりも含め，非可換な解析学の中でもできるようにする枠組みです．この方向への（潜在的な，またほかの方にも向けられている）応用は，数論においても，幾何学においても，離散群においても，さらになお他方面にあり，また物理でも進めてみたくなる理由があります．物理学との間での，興味ある結びつきはすでに得られています．これがどこまで進むのか，またどんなものが達成されてくるのかについては，まだはるか彼方のところにあります．確かにここには，少なくとも21世紀の最初の10年間に，重要な発見があることを，私に期待させるようなものが含まれています．そしてそこに

は，あるいはまだ発展していない（厳密な）場の量子論との関係が含まれているのかもしれません．

ほかの方向へも目を転じてみると，そこには「数論幾何学」あるいはアラケロフの幾何学とよばれるものがあります．これは代数幾何学と数論のある部分をできるだけ結合させようとする試みです．これは非常に成功をおさめている理論となっています．よいスタートを切っていますが，しかし行手の道は長いようです．誰が行先を知っているのでしょう？

もちろんこれらすべてには共通な要素があります．私は，物理学が，数論も含めて，すべての道が広がっていくような影響を数学に与えてくれることを期待しています．アンドリュー・ワイルズは，このことについては同意してはくれません．ただ時間だけが，成行きを告げてくれるのでしょう．

これらが，これから10年以上にわたって現われてくるだろうと私が期待しているものの筋書きです．しかしこのパックの中には，私が1枚のジョーカーとよぶものもまだ残されています．低次元の幾何学への降下です．無限次元の夢を奏でるすべてのスタッフをわきにおいたとき，低次元の幾何学はちょっとした困らせものです．いろいろな仕方でスタートし，私たちの先祖の人たちもスタートした次元には，何か謎めいたものが残されています．2次元，3次元，4次元を，私たちは次元が「低い」といいます．たとえば，サーストンの3次元幾何学の仕事では，3次元多様体上に導入できる幾何学の分類を目指しています．これは2次元の場合にくらべてはるかに深いものです．サーストンのプログラムは，決してまだ完全なものとはいえません．そしてこのプログラムの完成こそ，もっとも主要な挑戦となるべきものです．

3次元におけるもうひとつの注目すべき物語は，本質的にはヴォーン・ジョーンズの仕事であり，ここでのアイディアは，本質的には物理からやってきたものです．これは3次元についてのサーストン・プログラムに含まれている情報に対して，いわば直交するような向きの情報を与えるものになっています．この物語の中に現われてきたこのようなふたつの側面を，どのようにしてひとつのものへと融合していくべきなのかということは，大きな，大きな挑戦として残されています．しかし橋渡しとなるかもしれないヒントも最近見つかってきています．低次元にとどまっているこの全体の領域は，なお物理学と関連性

をもっており，非常に神秘的な様相をいまだに漂わせているところとなっています．

最後に，私は物理学において非常に顕著に現われている「双対性」(duality)について述べてみたいと思っています．これらの双対性は，量子論が，古典理論としては，ふたつの異った実現の仕方があるということです．ひとつのかんたんな例としては，古典力学における位置と運動量との間における双対性があります．この双対性は空間を双対空間におきかえます．そして線形理論では，これはまさにフーリエ変換です．しかし非線形理論においては，フーリエ変換をどのように置き換えていくのかということは，大きな挑戦を促しています．数学の大きな部分では，双対性を，いかにして非線形の枠組みの中で一般化していくかということにも関わってきました．物理学者たちは，弦理論とM理論において，注目に値するような方法で，それは可能なことだろうと考えています．これまでの理論の中でも，驚くような双対性の例が次から次へと生まれてきています．そしてそれらは，ある広い見方に立てば，無限次元におけるフーリエ変換の非線形の表わし方となっています．これは何かはたらきを示すように見えます．しかしこのような非線形の双対性もまた21世紀における大きな挑戦をよぶものとなってくるのでしょう．

私はここで話を終わりにしようと思っています．私たちがやらなければならないことは，たくさんあります．そして私のように年齢をとると，あなた方のようなたくさんの若い人たちの前で話すことは，本当によいことになってくるのです．あなた方にいっておきたいと思います．新しい世紀には，たくさんの仕事があなた方を待っているのです．

マイケル・アティヤ教授へのインタビュー

"An Interview with Michael Atiyah"
聞き手： ロベルト・ミニオ
1984 年

　マイケル・アティヤは 1929 年に生まれ，1952 年に B.A.（学士号）を，1955 年に Ph.D.（博士号）をケンブリッジ大学トリニティカレッジから授与された．1963〜69 年，オックスフォード大学でサヴィル幾何学教授，1969〜72 年，プリンストン高等研究所で数学教授，現在（1984 年）はオックスフォード大学の王立協会研究教授である．
　アティヤは英国王立協会の会員であり，またフランス，スウェーデン，米国の国立アカデミーの会員である．アティヤは，1966 年にモスクワで開かれた国際数学者会議でフィールズ賞を授けられた．アティヤの研究領域は広範囲にわたっており，この中にはトポロジー，幾何学，微分方程式，数理物理学が含まれている．
　以下のインタビューは，オックスフォードで行なわれた．インタビュアーをつとめたのは，『マセマティカル・インテリジェンサー』誌の前の編集長，ロベルト・ミニオであった．

　ミニオ　　私は，あなたのバックグラウンドを知っておくことは，とても貴重なことだと思っています．あなたは，いつ頃から数学に興味をもちはじめられたのですか？　どれほど早い時期からだったのでしょうか？

　アティヤ　　私は子供の頃から，いつも数学に興味をもっていたように覚えています．しかしある時期があって――それは 15 歳のときですが――私は化学が非常に面白くなり，そしてこれはとても大きな意味をもつものかもしれないと思いました．そして 1 年くらいの間，高等な化学の勉強に深入りしてみましたが，結局，これはこれから私がしてみたいことではないということがわか

りました．そして数学へと戻ったのです．私は，ほかの何かをしてみようなど，本気で考えたことは決してありませんでした．

——そしてそのことは非常に早い時期から気づかれていたのですか？

ええ，そうです．両親は，私が非常に小さいときから，この子はどうあっても数学者となるように生まれてきたのだと考えていました．

——御両親は数学者だったのですか？

いいえ，数学者ではありません．

——学校での勉強が助けとなりましたか？　先生方はとてもよい先生でしたか？

私はとてもよい先生方に恵まれていました．そして私と先生との関係はとてもよかったのです．私は最初はエジプトで学校に入りました．そこで私は本当によい学校に通っていました．

——そこで生まれたのですか？

いいえ，私は英国生まれです．しかし私は中東に住んでいました．——父はスーダンで仕事をしていたのです——そのため私は，おもな中高の教育をエジプトで受けたのです．戦後，英国に戻ったので，最後の２年だけは英国で教育を受けました．それはとてもよい学校で，よい生徒たちがたくさんいました．それから私はケンブリッジへ行きました．ここでは私のまわりにはすぐれた学生がたくさんいました．

私はひとりの人から特別な影響を受けるようなことはなかったと思っていますが，私はここでたくさんのよい数学者と出会えるという幸運に恵まれました．その意味では，私はここでよい環境に恵まれるようになったといえます．

――あなた御自身の上に，ケンブリッジ大学は大きな影響を与えたのでしょうか？

2年間の兵役の後，私はケンブリッジへ行きました．それはそれまでとは驚くほど対照的な世界でした．実際，私は学年次のはじまる少し前にケンブリッジへ行ったので，ちょうど夏休みで，気持のよい天気とその美しい環境に，私はとても深い印象を受けました．私は図書館に行って，たくさんの図書に囲まれた中で本を読むことの楽しみを覚えました．そこには何か，荘重さというようなものを感じさせる雰囲気があり，それが私の心を捉えてしまったのです．

ケンブリッジには，優秀な学生たちがたくさんいて，そしてまた私たちは先生方から適切な指導を受けることができました．しかしどの先生も私に刺激を与えてくれたというわけではありません．よい先生もいたし，そうでない先生もいたのです．

――あなたの非常に初期の論文の中のひとつに，ホッジと共著のものがあるというのは本当ですか？

ええ，それは実際，私の学位論文の一部となりました．ホッジは私にとって研究の指導者だったのです．彼と一緒に仕事をすること――それは私にとって，とても大切なことでした．私がその頃幾何学で集中していたテーマは，古典的な射影代数幾何学でした．たまたまそのときケンブリッジに入りました．私はこのテーマを楽しんでいました．もしホッジが現代的な視点を示してくれなかったら，私はこの分野にはまりこんでいたかもしれません――ホッジはトポロジーとの関連で微分幾何学を見ようとしていたのです．私はその考えに同調しました．それは私にとって非常に重要な決定となりました．私はより伝統的な分野で研究することができたのかもしれませんが，しかしそれは私にとって賢い選択ではないと考えるようになったのです．そしてホッジと一緒に仕事をするようになってから，私はしだいに現代的なアイディアに包まれていくようになりました．ホッジは私にいろいろよい忠告を与えてくれました．そしてひとつの段階に到達したとき，私たちは共同で研究するようになったのです．

ちょうどその頃フランスで,層(sheaf)の新しい理論がはじまっていました.私はそれに興味をもち,ホッジもまた同じように興味をもちました.そしてそれを共同で研究することになったのです.そのとき得た結果を,私の学位論文の一部として,共著の論文としたのです.それは私にとって,とても有益なことでした.

――そのときの経験で学んだことが,その後たくさんの数学者たち――シンガーやボットやヒルツェブルフなど――と共同で仕事をすることにつながったのですね.

ええ,その通りです.私たちはたくさんの人たちと共同で研究しています.いってみればそれは私自身の流儀となったのです.そこにはいろいろな理由があります.そのひとつは,たくさんのほかの分野にとびこんでいけるということがありました.私の関心はしだいに,別々の研究主題であったものが,互いにまじり合ってはたらきを示すという動きに向いていきました.そしてそのためには,何かほかのことを少しでも知っている人たちと一緒に研究し,そこで互いに足りないところを補い合うということが,大切なことになってきます.私はほかの人たちとアイディアを交換しあうことが,非常にためになることだと知りました.

私はたくさんの人たちと共同研究してきました.その人たちの中には――実際多くの人たちがそうだったのですが――多年にわたって築き上げた広い基礎の上に立っていた人たちもいました.もともと共同研究は私の個性と,私の考えと,いろいろな人たちと会って互いに刺激し合うという,私のやり方と深く関わっていましたが,一方では,私が進んでいこうとしていた数学の方向がそれを求めていたのです.それは広い範囲を蔽うもので,完全にすべてに精通することは,大変難しいことでした.何か違うことを少しでも知っているような誰かほかの人を知ることは,私には大変助けになることだったのです.たとえば私がシンガーと共同研究をするときには,彼はかつて私が弱かった解析学の方面に強く,私の方は代数幾何学とトポロジーについて,一層多くのことを知っていました.

——あなたはそのようにしてひとつひとつの問題を分けて進んでいったのですか？

いいえ，そうではありません．共同研究をするときには，いろいろなことが完全に入りまじっています．私たちの関心は，さまざまなものに向けられていますが，それはひとつのものとなっており，そしてそこでお互いのテクニックを学ぶのです．しばらくして，私たちの研究テーマのほとんどすべてのところで，同じ足場に立って論ずることができるようになってきます．私たちが関心をもっていた場所は，お互い非常に近いのです．私たちのもっていたものは，お互いほんの少ししか違っていなかったのです．

——あなたは研究する問題をどのように選ばれていったのですか？

この質問は，それに対する私の答えが用意されていることをあらかじめ期待されてのものだと思います．しかし私は，質問されたようなことが，私の研究してきたやり方であったということは，一度もなく，考えてもいないことでした．ある人たちは，くつろぎながら，まず「この問題を解いてみようか」といって，それから座り直し，改めて「さて，この問題はどうやって解くのだろう」といって考えはじめるのかもしれません．しかし，私はそんなようにして問題に向かうことはなかったのです．私は数学の水の中を動き回っています．ふしぎに思えることや，面白そうに思えるものを考え続け，いろいろな人たちと話し合い，アイディアをふるい起こそうとしてきました．そうやって私は私が考えようとしているものが，すでに私が知っているものとどこかに接点がないかを探し，それをまとめながら，さらに展開を試みていきます．実際私は，私がしようとするようなもの，あるいはさらに考えを進めていこうとするものに対して，はじめからアイディアをもってスタートを切るというようなことはないのです．私は，問題よりも，数学そのものに興味があるのです．私は，話し，学び，議論します．そうするとそこに興味ある問題が自然に湧き上がってくるのです．数学そのものを理解するためのゴールをおくことはあっても，あらかじめゴールを決めて，そこを目指してスタートするようなことはしたことがないのです．

——そのようにしてK理論が生まれてきたのですね？

 ええ，それはいろいろな意味で，まったく偶然の出来事といってよいものでした．私は，グロタンディークが代数幾何学でしていたことに関心をもっていました．またボンへ行ったときに，トポロジーのある方面を学ぶことにも関心をもちました．ヨアン・ジェームズが，射影空間に関わるトポロジーの研究をし続けてきた中にあったいくつかの問題に，私は興味を覚えました．それはグロタンディークの定式化を用いればたぶん説明できるだろうと考えることで，よい結果を得ることができたのです．そこには周期定理についてのボットの仕事がありました．私は，ボット自身も，また彼の仕事についても知っていました．周期定理を使うと，いくつかの面白い問題が解けることもわかりました．そのときこれを形式化するためには，ある仕組みを展開しておくことが必要であると思われました．K理論はここから生まれたのです．

 誰しも，前もって予言していたようには，完全に新しいアイディアを得たり，新しい理論を展開していくことはできません．それは本来理論そのものの中に備わっているものですから，一連の問題を注意深く立ち入って調べた上で，そこからはじめて現われてくるものでなければなりません．ある人たちは，解いてみたいと思う基本的なひとつの問題は，自分の前におかれているものだと決めてしまいます．たとえば，特異点の解消とか，有限単純群の分類などです．それらは，彼らの人生の多くの時間を，この目的のために捧げさせてしまいます．私は決してそのような道を歩くことはしませんでした．その理由のひとつとしては，このようなことは，ひとつのことにひたむきに心を向けることを要求しており，それは途方もないギャンブルとなってしまうからです．

 このような研究はまた一途な探求を要求してきます．それに応えるためには，その問題に立ち向かうことのできるような，特別な技法に精通した，とびきりのエキスパートでなければならず，そのような人以外には近づけないということを意味しています．それに向かっている数学者たちにとってはそれはとてもよいことなのでしょう．私は実際そこには入っていくことはできません．私が専門としている場所では，むしろ問題自身を避けて通ること，そして問題のまわりや，問題のうしろに回ってみること…，そうすることによりいつしか

最初におかれた問題そのものが消えていくのです．

　——数学には，主流をつくるような話題があると感じておられますか？　ある主題は，ほかのものより，もっと重要なのだ，ということはあるのですか？

　ええ，私はそれはその通りだと思います．数学は単にばらばらにおかれた素材の集まりであり，そして1，2，3と公理を勝手に並べて書き下し，自分なりの分野をつくって思い通りに進められるようなものなのだろうという考えがあるかもしれませんが，私はその考えにはまったく同意できません．数学はもっと機能的な展開をしていくものなのです．数学は，過去との関連と，またほかの分野との関連に，非常に長い歴史があります．

　数学の核心部分となっているところは，ある意味では，いまも昔も，いつも同じです．数学は現実の物理的世界から生じた問題と，数や，基礎的な計算や，方程式を解くようなことに関係するような数学内部からの問題に関わってきました．これがつねに数学の主流をつくってきたのです．これらのトピックの上に光を投げかけるような展開が，数学の重要な部分を占めているのです．

　ここから離れたり，非常に遠くまで移されてしまったような分野は，数学の本質的な部分にそれほど多くの光を投げかけることはないのです．ひとつの新しい分野が，それ自身の中から育っていき，またそれが実際ほかのことに光を投げかけることがあるとしても，それがあまりに遠く離れた場所へと進みすぎ，そしてそこで切り離されてしまうようなことになれば，それは数学の専門分野としてはそれほど重要なものではなくなってくるでしょう．それに対し，たとえしばらくの間であるにせよ，新しい道を拓いていく可能性を中に秘めた，本当に独創的なアイディアというものもあるのです．それは，それでも数学の重要な部分と固く結びつけられており，そして相互にはたらき合います．数学のある部分のもつ本質的な重要性は，それがその主題から離れたところにもはたらき，そして他との関連性がどれだけ大きいかによって，大体評価することができます．このことはまた，数学における重要性ということについての筋道の通った定義にもなっています．

――長い間，使われる機会もなくそのままにされていたある考えが，突然目覚めたように取り出され，はたらき出すというようなことはないのですか？

ええ，実際ある人が時代に先駆けているようなよいアイディアをもっているということは，当然あることです．そしてそのとき，それに対してすぐにはたらく場所が見出されることもあるでしょうが，一方では，長い間誰もその重要性を認めないということだってあります．

しかし私が言おうと思っていることは，そのようなことではなかったのです．それより私は，かなりの人たちが数学の各領域をそれ自身の中で発展させていくためには，むしろそれぞれが抽象的な独自の道を進むべきだと思っているような現代の傾向について言ったのです．そのような人たちはいたるところで動き回っています．それでももしあなたが，それでは数学とは何なのか，何が意義あるものなのか，数学は何と結びついているのかと，その人たちに問いかければ，それについては実は何も知ってはいないことがわかるでしょう．

――そのことを，何か例で述べてみて頂くことはできませんか？

現代数学のすべての分野にわたって，いくつかの例があります．抽象代数学のある部分，関数解析学のある部分，位相空間のある部分――こういうところでは，公理論的方法の最悪のはたらきを見ることができます．

公理は，問題をどの体系の中に取りこんで考えるかという，問題の仕分けができるように考えてつくられています．それにしたがって解を求めるテクニックを展開していくことができます．公理とは，数学の中で，閉じた形の完全な領域を定義するもの，と考えている人もいるようです．しかし，私はそれは間違っていると思います．公理の体系が狭い限定的なものになればなるほど，あなた自身の存在はますます消されていくことになります．あなたが数学から何かを抽出しようとするときには，集中しようと思っているものと，あまり関係のなさそうなものを公理を基準にして選り分けようとします．しばらくの間は，それは役に立つことかもしれません．それは精神を集中させる作業です．しかし，公理の性質上，そのことはあなたが興味がないと思っていたような多

くのものも捨ててしまうことになります．そしてそれは結局は，根となるべき多くのものも切り捨ててしまうことになるのです．もしもあなたが公理に沿って道を先に進めていこうと思うならば，そのときは一度はある段階で，あなたは最初に立った場所に戻るべきです．そこでさまざまなものが錯綜し合う中から生まれる生産的なはたらきを通して，新たな交配の稔りを求めるよう，つとめるべきです．これこそ健全な道なのです．

　30年ほど前に，フォン・ノイマンとヘルマン・ワイルもこのような見解をすでに述べていました．ふたりは，数学の進むべき道はいかにあるべきかを，思い悩んでいました．もし数学が，その源泉から遠く離れたどこかへ行ってしまうならば，数学は不毛なものになってしまうかもしれないと．私は，これは基本的には正しいことだと思っています．

　——あなたが，数学の一体性について強い想いを抱いておられることはよくわかります．それはあなたが個人的に数学に打ちこんできたこと，またあなたのやり方とどのようにかかわっていると思われますか？

　ある人が数学で考えていることと，その人がもっている個性とを，別々に分けてみるなどということはできないことでしょう．大切なことは，数学はひとつの統一体として考えられるものだということです．そして私の研究もこの考えに沿っています．研究テーマと個性と，どちらに重きをおくかなど，あまり意味のないことです．私は数学の異なる分野での関連性に注目しています．研究テーマがどれほど豊かな内容をもっているかは，その複雑性によっています．複雑性は，純粋な体系の中からや，孤立した思索の中からは生まれてくるものではありません．

　しかし質問された内容については，哲学的・社会的立場からも論ずることができます．私たちは，なぜ数学をするのか？　私たちはおもに，数学をしていることが「楽しい」から数学をしています．しかし一層深く考えるならば，私たちが数学をすることで，なぜ収入を得られるのか？　これに対して正当な理由を求めようとするなら，数学は広範な科学文化の一翼を担っているという考えに立つことになるでしょう．私たちがいま進めている数学の中には，現在は

適切な利用法や有効に使える場所が見出せないものがあるとしても，さまざまなアイディアの統合に向けてのはたらきや機能化には貢献しています．もし数学が，私たちの思考に対し，ひとつの統合体としてのはたらきを示し，そしてどの部分も，ほかのどんなところにもいつでも使えるような潜在力をもっているとするならば，私たちは，いつでもひとつの共通な対象に向けて，大きく貢献していくことができるでしょう．

もし数学が，ひとつひとつが何の関連性もない専門分野の集まりと考えられ，それぞれの分野が独立して進んでいき，それに対して何の正当性も見出せないとするならば，なぜそんなことをしなければならないのか，という問いかけに対し，それを論ずることは非常に難しいものになるでしょう．私たちがしていることは，テニス選手のように，見る人も楽しませるようなものではないのです．私たちの仕事のただひとつの正当性というべきものは，人間の思索に対して真の貢献を行なっていることにつきます．たとえ私が応用数学に直接携わっていないとしても，私は，数学をほかのことに応用しようと考えている人たちが使えるような数学をすることで，十分役に立っていると感じています．

誰しも人は，自らの人生哲学に沿って，自分自身を正当化するように努めなければなりません．もしあなたが教える立場にあるならば，あなたは次のようにいえるかもしれません．「ええ，私の仕事は教えることです．私は若い人に教育をほどこし，そのことで収入を得ています．そしてあいている時間には研究もしています．人々はそのことについて，寛容な心で私を認めてくれています．」しかしもしあなたが，一日中研究だけに没頭しているような場所にいるならば，そのときにはあなたは，その仕事の正当性について，もっと真剣に考えなくてはならなくなるでしょう．

それでもある意味で私は，いまもそれをすることが楽しみで数学をしています．私が楽しんでしているだけなのに，人々が私に給料を下さるということは，恐縮なことです．いまは私はそのことについて，その正当性を示すような，何か深い真摯な側面があるのではないかと感ずるようになってきました．

——あなたは，いま数学の外の世界では「純粋数学というものは本当に役に立つものなのかどうか．5年以内には，みんなコンピュータの方に向かっていくのではな

いか」のようなことがいわれていることに対して，どのような考えをおもちですか？

　このような見解には，いつもある危険が伴っています．もし純粋数学者たちが象牙の塔に立てこもって，ほかのこととの関係などは考えないような態度をとるならば，人々ははっきりと背を向けて，「本当は私たちはあなたのことなど必要としない——あなたは贅沢すぎる——私たちはもっと実用に役立つ人を雇うだろう」というでしょう．これは数学に向けてつねに存在している危険であり，そして私たちが現在突き進んでいるような経済的な困難の状況の中では，この危険性は一層深刻化してくることになるでしょう．実際，私はこのメッセージが，私たちの近くに流れはじめてきたと感じています．

　確かに，この5年から10年の間に，数学者たちの間で，自分たちの仕事をもう少し正当化しなくてはならないだろうという，見直しの機運が高まってきたように見えます．しかし私はこのことは，多くの人たちもそう見ているように，自発的に起きた流れではなく，外からの圧力によって生まれてきたものだと思っています．私は純粋数学者たちが，もっと自己批判的になるならば，そこから健全な状況が生まれてくるだろうと考えています．

　——あなたがなさっている数学に戻りましょう．あなたが証明された定理の中で，もっとも幸運だったという定理がありましたら，ひとつ挙げて頂けませんか？

　あると思います．私がシンガーと一緒に証明した指数定理は，多くの点でもっとも明快で，簡潔なものでした．実際，私は指数定理は誰からも認められる美しいよい定理だと思っています．私の仕事の多くは，いろいろな形をとって，この定理を中心として展開しています．
　この定理はトポロジーと代数幾何学の仕事から出発しましたが，しかしこれは関数解析学の上にも強いインパクトを与えてきたのです．10年以上にわたって，このような状況は多くの人たちによって展開され続けてきました．そしてまたいまでは，数理物理学と興味深い関連があることもわかってきました．いまでもなおこの定理は，いたるところで展開し活躍していますが，これはあ

る見方に立てば,数学のすべての部分にわたる相互作用と関連性に向けての私の興味を,記号化(シンボライズ)して取り出してきたものともいえます.それはひとことでいえば,トポロジーと解析学とが,非常に自然な仕方で,いろいろな形をとった微分方程式によって,ひとつにまとまっていく分野なのです.

——数学者の間で,最近数理物理学への興味が甦ってきましたが,このことについて前もって予期されておられましたか?

必ずしもそうとはいえません.私は非常に長い間,数理物理学に興味をもってきました.それはそれほど深いものではなかったのですが——私は量子力学と,それに関連するテーマを理解しようと努めてきました.しかしこの5年間で何か新しいことが起きてきたのです——それはゲージ理論に向けての数学者たちの関心でした——私にとってそれはまったく予期しない出来事でした.私には,それがどんなものかと知るための十分な物理学の知識はありませんでした.場の量子論は,私が関わった限りでは,大きな神秘的な内容に溢れているもののひとつでした.

私は,物理学者たち自身も,驚いていたのではないかと思っています.ここで幾何学的な見方が,重要な中心的な視点になるなどということは,多くの物理学者たちによって予想されていたようなものではありませんでした(それはいまでも,ある人たちの間では論争の種となっています).主要な問題が,あたかもまったく異なるような形で——解析的な問題,代数的な問題として——見えてきたのです.しかしここでもロジャー・ペンローズのような人たちは,驚きを見せるようなことはありませんでした.彼らは長い間,すでに自分たち自身の立場に立ってでしたが,その場所ではたらいていたのです.しかし私はそれはよい例を示していると考えています.もしその主流となっている興味ある基礎的な数学の仕事をする場合,それがとても役に立つ道具となると知ったとき,驚いてはいけません.それは物理学を含めてのことですが,数学が単一の統合体であるという信念を正当化するものとなっているのです.

——あなたがいま述べてこられたような道に沿って進んでいくと,数学はどれほ

ど遠くまで行くのでしょうか？

　物理学について多くのものを学べば学ぶほど，私は物理学が，ある意味で数学のもっとも深い応用を与えているということを確信するようになってきました．物理学ですでに解決されてきた数学的な問題や，過去において物理学から生まれてきた数学的なテクニックは，数学にとって生命の泉となっているのです．そしてそれはいまでもそうです．物理学者たちが立ち向かって格闘している多くの問題は，数学的な見地に立ってみると非常に興味があり，難しく，まるで挑戦をしかけているように見えるものなのです．私は，いまより多くの数学者たちがここに巻きこまれるようになり，物理学のある部分について学ぼうとするのではないかと思っています．彼らは，物理学の問題と関連して，そこから新しい数学的なテクニックを得るようにすべきでしょう．

　物理学は，非常に洗練された学問です．それは途方もないほど数学的で，一方では物理学的な洞察，他方では数学的な技法，このふたつのものの結合が，その対象の中で非常に深くつながっています．一方，数学のより新しい応用の方向として，社会科学，経済学，コンピュータなどが重要性を増してきています．応用数学について，この方向への関心をもって入ってくる学生たちを，私たちが十分理解して受け入れられるようにしておくことは重要なことです．なぜならこの視点はやがて経済社会からも要求されるものとなるからです．何千，何万もの学生が，この方向を目指してやってくるようになるでしょう．

　一方，このような応用数学に包まれている数学自体の深さという観点に立ってみると，これは比べてみるようなものがないのです．たとえば経済学や統計学などでは，興味ある問題はあるとしても，ごく大ざっぱにいってしまえば，そこに包みこまれている数学はまだとても浅いものです．実際，数学の深い問題は，いまなお物理科学の中にあります．研究レベルにおける数学の健全さを保っていくためには，物理科学と関連するようなことを，できるだけ多くもっておくことは，大切なことだと思っています．

　——あなたが教育にも関心をもっておられることはよく存じています．しかし一方では，あなたはもちろん数学の研究者としてのお仕事に専心しておられます．こ

のことについて御説明して頂けませんか？

　教育に関心をもっている理由は，数学の統一性に関心をもっている理由と私の中では重なって同じものとなっています．大学は教育機関であるとともに，そこには研究も含まれています．私はそれは非常に重要なことだと思っています——大学はひとつの統合組織であるとともに，同時に社会全体の構造を支える統合組織としてもあるべきであり，その視点から，大学では数学の研究と数学教育の間にも，つねにバランスが保たれていることが求められています．そのため大学が，数学教育を目的とするコースを設けるときには，大学は，それに適した科目を学生たちのために用意しておくことになります．それは（たとえば）上級のトポロジーのコースのようなものであってはなりません．そのようなコースは，研究者をつくり上げることにだけ向けられており，そのためそれは破滅的な間違いを引き起こしていくことになりかねません．

　大学はふたつの活動のバランスがつねに保たれているように心がけていなくてはなりません．大学側は，学生たちが学ぶこととしては，どんなことが本当に有用なのか，また彼らが大学を出てからすることは何かを見きわめながら，一方では，研究活動を育てていかなくてはならないのです．ある人たちは，すべてを研究に打ちこむことになるでしょうが，ある人たちはおもに教育に携わることになるでしょう．そして大半の学生はその中間におかれることになります．私は研究を目的とする方に関わっていますが，私は大学の中におり，多くの同僚もいます．そのため，この大半の学生たちが，どんな状況に巻き込まれているかもよく知っています．私は大学のこの異なった機能の間に，できるだけよいバランスが保たれて運営されていくように努めています．

　——この20年間で英国の大学は異様に拡大してしまったと思われませんか？

　私はそんなに拡大してしまったとは思っていません．ほかの国，たとえば米国と比較してみましょう．高等教育を受けようとする人の数は，英国では実際は非常に少なかったのです．そのためその数を増加させなければならなくなりました．私は次の世紀にも，高等教育を受けようとする人々の数が，いまのま

まで止まってよいとは少しも思っていません。それは変わっていかなければならないのです。

　第二次世界大戦のあと，必要とされ，大学は急速な拡大期を迎えました。そこにある問題が生じてきました。それが予想もしていなかった断絶を生むことになったのです。大学は学生を集め，教えるために，たくさんの人たちを教員として募集しました。そしてこの拡張期が終わったとき，大学のすべての教員のポジションが埋められてしまっていたのです——もう若い人を任命することなどできなくなりました。このことについて人々の批判は，大学が拡張する方向に向けてあまりにも熱気に包まれていたことと，そしてまた大学がここから到来する窮地を予想し得なかったことについて，十分な配慮が足りなかった点に向けられました。たとえば，米国ではそうではなかったのですが，この拡張の時期に英国の大学では，大学同士で競って採用したために，Ph. D. のあとすぐに在任資格（テニュア）を与えてしまったのです。そこで間違いを犯してしまったのだと私は思っています。そして大学側はいまになってそれを償わなければならないようになってきました。

　人々に，ある時点まできたらそこですでに生涯のポジションを与えてしまうよりは，彼らを採用するにあたって，もっと融通のきく制度を考えておいた方がずっと賢かったでしょう。いま私たちの大学は，人事構成の途中が断ち切られてしまうような，非常に厳しい危機的な状況におかれています。大学にいる人たちは，もう少し慎重であってしかるべきだったのでしょう。

　——少しまた，教えることと研究することの方へ，話を戻しましょう．あなたは大学活動の本質的な部分について話されましたが，しかしそれでもこのふたつを，完全に分離して述べておられました．研究機関は，いまは大きく育ってきています——ボン，ウォーリック*，プリンストン——しかしそこではもう教育はしていません．これは健全な展開の方向と思っておられますか？

　私がこれらの研究所について最初に述べようと思っていることは，そこには終身研究員（パーマネントスタッフ）とよばれる人たちはおいていないか，あるいはおいていたとしても

---

*　ウォーリック　　イングランド中部の街．数学研究所をもつウォーリック大学の所在地．

ごく少数に限られているということです．研究所にきている人たちのほとんどは客員研究員としてきているのです．その人たちは，大学から1学期だけ，または1年間だけの研究期間をもらってそこへきて，そして戻っていくのです．ですからこれらの研究所は，ある意味では，「一般化されたカンファレンス・センター」のようなものと見てよいのです．ここで人々は一緒になってアイディアを交換し合い，そして自分の仕事をするために戻っていくのです．このような研究所の役目は，研究所で行なっている研究方向に強い関心をもっている人たちを，それぞれの大学の中で，その研究が育てられるようその手助けをするということです——それがおもなはたらきなのです．

他方，東欧におけるような組織ならば，そこでは終身研究員として多くの人たちをかかえています．それらの人たちの中で，かなりのパーセントの人たちは，いろいろな大学からよび集められた人からなっています．——これはまた別の問題も引き起こしています．そのことは実際は，大きな人事の流れの中で見ると，大学と研究所を分離させることになってしまいます．しかし数学に限って見れば，幸いのことに，このような研究所の一部門として含まれているものの数は少なく，また数学に関係するスタッフもごく限られた人数です．そして研究所と大学を行ったり来たりする人たちは，大学のはたらきを活発にしています．これは健全なことだといえます．

このような研究所はほかの目的にも役立っています．それは数学を学ぼうとする人たちの眼を，豊かな稔りある研究分野へと向けさせ，そこに導き，手助けするということです．それに加えて，研究所へ行くことは，現に考えている研究が励まされ，バックアップもしてもらえることになります．こうして生産的な研究領域へと導かれることを目指して，ひとりの若者としてこの種の研究所へ進んで行くことになるのです．

プリンストンの研究所，そこは私が Ph. D. をとったあとで行ったところでしたが，私にとっていま述べたような目的に，本当によく適うところでした．そのとき私はまだ人生における数学の適所を探していました．私がこの大きな研究所に行ったとき，そこにはたくさんの非常に若い有能な人たちや，世界各国からいろいろ違うアイディアをもった少し年上の人たちがたくさんいました．1年ほどそこにいた後には，私は新しいアイディアと，新しい研究方向へ

の期待に満ち溢れて，そこを去ることができました．それはその後の私の数学の展開の上で，私自身が驚くような方向を示すことになったのです．

　——そのプリンストンで，あなたにもっとも影響を与えた数学者は，どんな方だったのですか？

　それについては，私は終身研究員の人たちから，それほど多くのものを受けとることはなかったように思っています．私は1955年にプリンストンへ行きましたが，そこには現在行っている人たちに比べると，多少年長の人たちがたくさんいました．
　私は，ヒルツェブルフ，セール，ボット，シンガーらに会いました．私は高等研究所にいたとき，そこで会えたのです．また，小平邦彦，スペンサーもそこにいました．そのような人たちの全体のグループ——私はそのグループの人たちを知るようになり，私はその人たちの数学から，多くの影響を受けたのです．私がこの研究所で出会うこととなった人々と，それ以後共同で研究するようになったということは，偶然の出来事ではなかったのです．
　もう少し別の角度からも見ることができるかもしれません．ある人が受けた影響というものは，その人のそれまでの観点と仕事を変えさせるというだけではなく，ほかで活躍している人たちとの付き合いを深め，さらにこの付き合いを続けさせていくことになります．それは以後の数学の発展を持続させていく上で，とても大切なことになるのです．また違った国の人たちと付き合うことも大切なことになります．数学という学問は，非常にインターナショナルなものであり，そしてこれらの研究センターは，ほかでは得られないような国際的な交流の場を与えてくれるのです．

　——カンファレンスもまたたくさんの人たちと会う機会を与えてくれるでしょうが，実際一緒に研究したり，何かを一緒に学ぶというような機会を提供するようなことはあまりないのでしょうね．

　ええ，カンファレンスは非常に役に立つものですが，そうはいってもたぶん

これから旅立とうとする若い人たちにとっては，それほどのことはないと思います．カンファレンスは，すでにあるところまで達した人たちにとっては有用なものなのです．もしその人たちが，そこで既知の人たちと出会い，さらに積極的な人ならば短時間の素早いアイディアの交換から，そこから何かを得ることができるでしょう．しかし，学部や博士課程に在籍しているような人ならば，その場で多くの人と話し合えるなどということは無理なことでしょう．彼らはまだ数学者についてよく知っていないし，上手に話し合うすべも知りません．相手のいっていることを十分理解することも難しいでしょう．もっと時間をかけ，一層多くの人と触れ合うようにし，そこで自らをさらけ出すことも必要になるでしょう．ほかの人々のことをもっとよく知るためには，1年くらい，あるいはそれ以上の時間をかけて，ゆっくりとあわてずに考えていることに没頭することが必要になります．その上で，カンファレンスはそれまでとはまるで違う機能を提示してくれることになるでしょう．

——国際数学者会議についてはどうですか？

　ええ，私は国際数学者会議はそれとはまったく違っていると思います．私は1954年以降の国際数学者会議にはすべて出席していると思っています．そこから私はいろいろな恩恵を得ることができました．

　若い学生として，最初に出席したこの会議は，私にとっては大きなものでした．私はヘルマン・ワイルの講演を聞くことができました．それは私の心に，大きな励ましとなりました．私は何千人もの数学者がつくる大きな共同体の一員であるということをはっきりと感じたのです．私は話の内容そのものについては，ほとんど理解することができませんでした．私はその話に向かっていってみたのですが駄目でした．具体的な数学的な観点に立てば，私はその話からほとんど何も得るものはなかったのですが，その話から伝わってくる心理的な昂揚は，大きく深いものでした．

　いまは私も年齢をとってしまい，私にとっては国際数学者会議もあまり意味のあるものではなくなってしまいました．私はもう義務感というようなものからは，自由になってしまっています．私はそこでは——人々と話したり，講義

をしたり——会議を円滑に進めるように動いています．実際，私はあまりにも大勢の人がいるので，会議から直接得るものはあまりないのです．それでもいくつかの講義を聞くことは本当に楽しみです．私にとって国際数学者会議は，多少益することはあっても，それはそんなに多くはないだろうと思っています．

若い人たちに国際的な一体感の感覚を与えるという利点はありますが，それ以外にこの国際会議のおもな機能としてはたらいているものは，たぶん非常に活発に数学活動をしている国々から，小さな輪の中にこもって研究している数学者たちに向かって手を差しのべることにあるのではないかと思います．西欧や米国からきた数学者たちにとっては，それは少しも本質的なことではないでしょう．しかし旅行する機会や，人々に会う機会が非常に少ない，アフリカやアジアや東欧からきた数学者たちにとっては，現に何が行なわれているかを知るひとつの大切なチャンスを与えていると私は思っています．これがこの会議を開くもっとも正当な理由となるかもしれないと，私はうすうす感じています．

——フィールズ賞は，何か役に立つようなはたらきをしているとお考えですか？

私はいくらかは役に立っていると思います．フィールズ賞がノーベル賞のようなものでなかったことは幸せでした．ノーベル賞は，科学を，とくに物理学を非常に悪い方向へと歪めてしまいました．ノーベル賞につきまとう名声と，それを包みこむ大騒ぎ，そして大学がノーベル賞受賞者を高給で雇おうとする風潮——それは恐しいような断絶を引き起こしています．ノーベル賞をとった人と，それをとらなかった人の間の差など，五十歩百歩です．それは単に人為的な区別にしかすぎません．あなたがノーベル賞をとり，私はとらなかったことを想定してみましょう．そうするとあなたは私の2倍の給与を受けとり，そしてあなたの大学は，あなたのために大きな実験室をつくってくれるでしょう．私はそのような状況が起きることは，非常に不幸なことだと考えています．

しかしそれに比べて，数学ではフィールズ賞はどんな効果ももたらしませ

ん．したがってネガティヴな効果というものもないのです．フィールズ賞は，若い人たちに与えられます．そしてその世代の人たちと，数学会全体への刺激となることをもくろんでいます．

　私はフィールズ賞をとったことで，一層励まされました．このことは私に自身を与え，士気を高めることになりました．もし私がフィールズ賞をとらなかったら，何か違った状況になったろうかなどということは私にはわからないことです．しかし，ひとつの段階で賞を得たことは，私をふるい立たせ，数学に没頭させました．その意味で，この賞は確かに助けになると思います．

　いくつかの国では，この賞は大きな名声となります．たとえば日本がそうです．日本ではフィールズ賞をとることは，ノーベル賞をとるようなものなのです．ですから私が日本に行き，紹介されたときには，私はノーベル賞受賞者のような気分になりました．しかし英国では，誰もまったく気にもとめてくれません．

　——あなたは，それぞれの国によって，数学者たちの扱われ方は，違っていると思われますか？

　ええ，もちろん数学は，国が違えばそれぞれ多少違った意味をもつようになります．とくにこの英国では，数学と応用数学と物理学とは，まったく別のものとして分けられています．ほかの多くの国では，純粋数学もさらにもっと細かく分けられています．これはたぶんふつうの人たちが数学者をどんなふうに見ているかによっていると思います．米国では，数学者といえば純粋数学者のことだと考えていますが，ほかの国ではそんなに狭くは限定していないと思います．

　一方，フランスでは，伝統的に数学者たちは，少し高いステータスを保っているといわれていますが，これは私は本当のことだろうと思っています．それはフランスの伝統の中では，哲学，文学，芸術に高いステータスが与えられており，数学もまたこの中に含まれるからです．それでもこの国では，これらにそれ以上のものをさらに付与するということは，決してしてないようです．

　ドイツでも，大学教授たちには高いステータスが与えられてきました．しか

しそれもいまでは急速に変わりつつあります．

　私は，数学とか大学を，人々がどのように見ているかについて，それぞれの国によって違いがあると思っています．しかしそのことも変わりつつあります——国ごとによって異なる文化の違いが，しだいに薄れてきているのです．

　——私はここで，あなたのお仕事についてもいくらかお聞きしてみたいと思います．たとえばあなたは，どのような内的イメージ（mental image）を用いておられるのですか？

　私はそれについては，どうお答えしてよいのかわかりません．私は時には，私の心の中に，ある図式的なものが浮かび上っていると思うこともあります．しかしそれがひとつの図なのか，あるいは何かシンボリックなものなのかどうかは，見定めることはできません．私はこれは，数学よりむしろ心理学に関わる一般的な問題となるものと思っています．しかしこの問題は，非常に難しいものでしょう．

　——私は，私の質問が，あなたから幾何学的な直観と，代数的な手法について，その違いを引き出してくれるのではないかと思っていたのですが．

　ええ，そこには違いがあります．脳の中では，このふたつを分ける二分法が実際現実的にはたらいているのではないかと疑ってみたくなるほどです．私は対象としているものを，できるだけ幾何学的に捉えようとします．しかしそれはサーストンのような人の流儀とは違います．サーストンは非常に複雑な高次元の幾何学でさえ，そのようにして捉えようとしています．私の幾何は，それにくらべればもっとずっと形式的なものです．そうはいっても，私は代数学者ではありません——私はあれこれうまく操作しながら考えることにはとてもなじめません．たぶん私は，心理学が私のタイプをときあかしてくれるような，そんな極端な人間ではないのです．私はごくふつうのどこにでもいる人間なのです．

　もし私がサーストンに向かって尋ねてみれば，彼はきっと次のように答える

でしょう．自分は心の中で非常にこみいった複雑な像を捉えている．そして自分のすることといえば，証明を得るために，それを紙の上に描いてみることなのだと．しかしトンプソンに向かって，私が，一体どのようにしてひとつの群を見つけ出すのか，と問うてみたとしても，どんな答えが戻ってくるのかは私にはわかりません．ここには違いがあるのです．この違いはどこにあるかということは，複雑な問題となります．といっても，この問題は4分の3が心理学の，そして残りの4分の1だけが数学の問題となるものでしょう．

——あなたのお仕事に対して，記憶はどのようなはたらきをしていたのでしょうか？

前にもお話したように，私は15歳のとき，夢中になって化学を勉強していました．私は完全にその1年間を化学に費やしたのです．その後，私はごくかんたんな理由から，化学の勉強を止めてしまったのです．それは化学では，膨大な量の事実を記憶しなければならないという，かんたんな理由によってでした．私の手元には，無機化学の大きな本が何冊かありました．そしてそこから私は，いろいろな物質からさまざまな過程を通して異なる化合物がつくり上げられていくことだけを覚えなければなりませんでした．このとき記憶しておかなくてはならないいろんな構造の数は，数えきれないようなものでした．有機化学ではもっとひどいものでした．これと比べてみると，数学では，実際にはほとんど記憶など必要としません．事実をそのまま記憶する必要などないのです．全体がどのようにうまく整合して成り立っているかということを理解することだけが求められています．数学者たちは，実際は科学者たちや医学の学生たちがしているような，いろいろな知識を記憶しておくようなことは，ほとんど必要ないといってよいのです．

それでも記憶は，別のところでは数学の中でも大切なはたらきをしています．私があることについて考え続けているとしましょう．そうすると突然私の中に，先週か先月に，誰かと話しているときに閃めいたほかのあることと，いま考えていることが結びついていると気づくことがあります．私の仕事の多くは，このようにして得られたものです．私は買い物をするために歩いていると

きとか，人と話しているとき，アイディアを捉えることもあります．それは半ば理解したまま，私の心の奥の仕切りの中にひそんでいたものだったのでしょう．私はこのような仕切りの中に，数学のそれぞれの細部にわたってつけられた，広大なカード索引をもっています．そのため，記憶は数学においても，十分その役割を果たしていると思っています．しかしそれは，数学のほかの領域で活躍しているような記憶のはたらきとは，まったく違うものです．

　——あなたが仕事をされているとき，証明がまだ得られない前でも，結果は正しいかどうかわかるものなのですか？

　この問いに答えるためには，私は問題を解こうと思って数学に向かっているわけではないということを，はっきりさせておかなくてはなりません．私があるテーマに興味をもったとすると，何よりもまずそのテーマの意味するところを理解しようとします．私はすぐに理解に向かって考え続け，そしてもっと深く掘り下げていこうとします．そうやって私が理解することは，何が正しくて，何が間違っているかを知ることにあります．

　もちろん理解したと考えていたことが，間違っていることだってあります．それでもこれでわかったのだと思いこんでしまうことも往々ありますが，やがて結局は間違いだったと判明することになります．大まかにいえば，まず何かがわかったと感じとり，そしてたくさんの例とほかのものとの関連性を通して，問題のタイプについて十分な経験を積んだ上で，はじめて何がどうなっているのか，何が正しい道なのかということについての感覚を捉えることができるのです．そこで改めて疑問が生まれてきます．実際それはどうやって証明するのか？　その証明には長い時間がかかるかもしれません．

　たとえば指数定理が定式化されたとき，私たちは，それは成立すべきものであるということは知っていました．しかしひとつの証明を見出すのに，私たちは2年の歳月を要したのです．そのわけは，異なるテクニックが必要とされ，証明法，実際はいくつかの証明法を得るために，新しいことを学ばなければならなかったということがあったのです．私はそれらの証明法の重要性については，あまり注意を向けませんでした．そこから何かを理解することの方がもっ

と大切なことだと思ったのです．

——それでは証明の重要さというのは何ですか？

　ひとつの証明を示すということは，理解し得たものを，はっきりと確かめ，チェックするものとして重要なものです．私がひとつの問題に向かっているとき，もうこれで全部わかってしまったと考えてしまうことがあるかもしれません．しかしそんなとき，証明は私が理解したことのすべてにわたって細かく確かめてくれます．証明は，このような確認作業の最終段階にある，究極の確認となるものです．しかしそれは考えはじめた最初からおかれるようなものではないのです．

　私はここで，私が証明したひとつの定理を思い出しました．この定理を考えている段階で，実際どうしてこれが正しいといえるのか，わからなくなってしまったことがあったのです．そのことは何年間もの間，私を悩まし続けました．それはK理論と有限群の表現論との関係についてのことでした．この定理を示すために，私は群を可解群と巡回群に分けるという道をとらなければいけなくなってきたのです．それには多くの，多くの帰納的な考えが必要になり，その途中にはまたいろいろな証明上のかみ合わせもあったのです．証明がうまく機能していくためには，証明の中でのひとつひとつの過程が正しく進んでいかなくてはならないのです——いってみれば特別な幸運に恵まれていなくてはならないのです．私はその証明のすべての段階でよろめいていました．私はいつも，この連鎖のひとつの鎖が外れるようなことがあれば，そしてそれが証明の考えの切れ目を与えてしまうことになってしまえば，全体の構想は一気に崩れ落ちてしまうだろうということを考え続けていました．そのときは全体の流れを十分把握していなかったので，本当は正しい証明ではないということもありえたのです．私はそのことについてずっと気がかりでした．そして5年か6年たって，やっとどうしてそれが正しいといえるかを理解しました．そのとき私は，考えを変えて，有限群からコンパクト群へと進むまったく別の道をとっていたのです．全然違う手法を使うことによって，それが成り立たなければならない理由を捉えることができたのです．

——証明がまだ見出せない段階でも，誰かほかの人に，これはどのようにすればわかるのだろうなどと，話し合う仕方を知っておられるのですか？

ええ，私は数学で互いに話し合うということは理想的なことだと思っています．理解していることがあれば，それは互いに伝え合うということをしていかなくてはなりません．このような会話は，わりあい滑らかに進みます．私がほかの人たちと共同研究するときには，互いに理解しているレベルに立って，アイディアを交換し合います——私たちは互いの話題を理解し合い，そしてそこで互いの直観を重ね合わせます．

もし私が講演をするような機会があれば，あるひとつの話題を取り上げ，その本質的な核心へと話をもっていこうとします．しかし論文や本を著わす場合には，それはもっと難しいことになります．私は，本は書く積もりはありません．論文では，私はできるだけ説明を書くようにしようとしており，序文ではアイディアも述べるようにしています．しかし論文の中では必ず証明を書くことになっており，それはしなければならないことです．

現在の数学書の多くは，非常に形式的な方向へと流れており，証明も形式的な形をとり，動機やアイディアなどにはほとんど触れることはなくなっています．そうはいっても，その——動機とアイディアまで示すことは——難しいことに違いありません．

しかし例外もあります．ロシアの人たちはその例外にあたると思います．私は，ロシアにおける数学の伝統は，フランス数学の影響の下で育てられた西欧における定式化や構造化への伝統とは，かなり隔りがあるように思っています．フランス数学は支配的でしたし，そしてそれはまた非常に形式的な学派をつくらせることになりました．私は，多くの本がそれにならって，非常に抽象的な形をとって書かれるようになり，理解するとはどのようなことかを伝えようとしなくなったことは，とても不幸なことだと思っています．

しかし理解する道筋を伝えるのは，とても難しいことです．なぜかといえば，それは長い間ひとつの問題と一緒に生活してはじめて得られるものだからです．何年間にもわたって，それを研究し続けます．そこではじめてその中にはっきりと，感覚というべきものを捉えることができます．それが理解の骨組

みをつくっていくことになるのです．それはほかの人に伝えられるようなものではありません．しかし5年間もその問題に取り組んだ上で，その問題を誰かほかの人に示して，あなたがかけたよりももっと少ない時間で，その問題の要点をわからせるようにすることはできるかもしれません．しかし相手はその問題と格闘したわけでもないし，問題の落し穴に出会うこともないのですから，結局それを完全に理解するというわけにはいかないでしょう．

　——あなたは，考え続けておられることについてのアイディアをどんなところで得られるのですか？　そのときあなたはちょうど座っておられるときだとすると，「よし，私はこれから2時間だけ仕事をする積もりだ」などといって立ち上がられるのですか？

　数学研究に活動的に向かっていれば，数学はつねにその人のかたわらにあると私は思っています．四六時中，問題を考えていれば，問題はいつもそこにあります．私は朝，目覚め，顔を剃っているときでも，問題を考え続けています．車を運転しているときでも私は考えています．しかし集中の度合は場所ごとで変わります．
　そのような日々の中では，きっとときどき，こんなことを考えていることに本当に意味があるのだろうか，この考えが助けになるのだろうかと思うことがあるかもしれません．そのようなときは，きっと心の中では，それまで考えていたことを虚空に漂わせているのでしょう．
　朝，椅子に座っていながら，あることに向けて集中心が高まっていくことがままあります．このような鋭い集中を，長い間持続していくことは，非常に困難なことですし，実際成功する場合は少ないでしょう．時には注意深く考えていた問題を取り逃してしまうことさえあります．実際，面白いアイディアは，インスピレーションの閃めきとともにやってきます．これは本来，その性質上，一層偶発的に生じてくるものです．それはたとえば，たまたま誰か人と話しをしていて，相手が何か話しかけてきたとき，心の中では「おや，それはちょうど私が待ち望んでいたようなことではないか…先週まで考え続けてきたことをうまく説明してくれている」と思うようなときです．こんなときには，そ

れまで考えていたことと，このヒントが一緒に結びつけられて，そこから新しい可能性さえ生まれてくることもあります．しかし，そうはいっても，ふたつのものをジグソーパズルのように組み合わせてみるなどということは，ある意味で成功は成り行きまかせということになります．しかしこのようなことはつねに期待し，心の中で回し続けていかなくてはならないのです．そのような相互作用が起き，それがはたらく機会をなるべく多くもつようにしていかなくてはなりません．私はポアンカレも同じようなことをいっていたように覚えています．いわばそのようなときには，いろいろなアイディアが不規則に回り続けています．それらがもたらす稔り豊かな相互作用の中から，その中のどれかが確率論的な幸運によって突然変異を起こし，求めるアイディアとなって現われてきます．熟達していくということは，この不規則さを最大限となるように引き上げて，稔りあるはたらきをするようにしていくことなのです．

　私の見解では，違うタイプの人たちと話をすればするほど，誰かから私が知っていることと結びつくような新しいアイディアを得る機会は，ますます増えてきます．

　たとえば，指数定理は幾分偶然の事情から生まれました．シンガーと私は，オックスフォードで落ち合うことになって，そこでヒルツェブルフの仕事から生まれてきたリーマン‐ロッホの定理に関することを，長い間一緒に研究し続けてきました．私たちは，その問題のまわりを探ってみることで楽しんでいました．そうやっているとき，ディラック作用素についての公式を求めてみたら，というアイディアが浮かんできたのです．そのことはそのときスメールも気がついていたので，私たちはスメールにも話してみました．スメールは，そこで「ごく最近，ゲルファントのある論文を読んだが，そこには作用素の指数について一般的な問題が書かれていた」と教えてくれました．そしてスメールは，私たちが考えようとしていることと，何か関連があるかもしれないといってくれました．私はこの論文を見て，その内容を十分理解することは，非常に難しいことを知りました．しかしそこでは問題の一般的な定式化がなされていました．私たちが見ていたのは，重要と思われる特別な場合だったのです．そのとき私たちは，はっきりと，私たちがそのときしてみようと思っていたことは，もっと一般的な観点から捉えなければならないことだったのだと悟ったの

です．そしてそれが全体の理論構成の道を拓いていくことになりました．この正しい軌道へ私たちを導いてくれたのはスメールだったのです．

　もうひとつの例は，インスタントンの仕事の上で起きました．これもほんのわずかな偶然から起きたことです．私はロジャー・ペンローズと彼のグループが，物理学の幾何学的局面について仕事をしていることは知っていましたが，さらにそのグループのひとり，リチャード・ウォードが，その中でもとくによい仕事をしていることも知っていました．彼はあるセミナーを開いていました．私はそこで自問してみました．「私はそのセミナーに出るべきか，どうなのか？　少し退屈するかもしれないが，まあいい，行ってみることにしよう！」そんなことで私はそのセミナーに出席してみました．しかしそれは非常に明晰なセミナーでした．そして私は彼がしていることをはっきりと理解しました．そして「これはすごい，本当によい結果だ」といいながらそこを後にしました．戻って3日間は，夢中になってそこで学んだことを考え続けました．そのとき突然これからどのような道を進むべきなのか，そこに一筋の光が差しこんできたのです．これをいかに代数幾何学と結びつけるのか．そのときから物事は進みはじめました．そのセミナーへ出ないという状況も，十分ありえたのです．そうしていたら，そこでの研究主題はもとのままにおかれたままだったのでしょう．数学者と物理学者とのギャップは非常に大きいものなのです．私の場合のように，いつもそうすぐにアイディアが思いつくものかどうかはよくわかりません．しかし，たくさん時間をかけてセミナーに出席していたからといって，アイディアにつながるというわけでもないのです．

　——あなたは，好きな定理とか，好きな問題というものはおもちですか？

　それはあまり大事な質問ではないように思います．私はそれぞれの定理を見ただけで，それを本当に信じてしまうようなことはありません．私は数学はひとつの結合体のようなものであると信じています．ひとつの定理はその組成要素のひとつとなるものです．私はまだ掘り出されていないままになっている天然の金塊や，すばらしい事実や面白いことが，たくさんあることは知っています．しかしそのひとつひとつには，私はあまり大きな重要性を認めていないの

です．私は問題に対しても同じようなことがいえると思っています．

　数学とは，そこには人の姿など少しも見えない単なる抽象理論にすぎないのだ，というような印象は与えたくないのです．ひとつの理論が興味あるものになるのは，それが多くの個々の特殊な問題を解き，そしてそれをひとつの適当な枠組みの中に納めてくれるときです．そうすることで，それらのすべてを理解することができます．よく起きることですが，すでにでき上がっているひとつの理論が，さらにそこから進化を遂げていくということもあります．それは誰かが非常に難しいひとつの問題を解いてみて，どうしてこんなことが成り立つのかと，さらに理解を深めようとするときに起きます．そのときいままでの理論の枠の外に，さらにそれを越す構造を築いていくのです．その構築にあたるためには，あまり難しくなく手がけやすい問題では役には立ちません．

　——あなたは有限単純群の分類について，どんな感想をおもちですか？

　ええ，私はこれについては多少複雑な感じをもっています．何よりもまず，その証明は膨大な頁数を必要とします．もしそれがゴールに向けてのたったひとつの道であったとしたら，理解の度合いはかなり限られてしまうように思います．一層見通しよく理解できるようにすることが望まれます．あるいは私はこのことについて，何か間違ったことをいっているのかもしれませんが，しかしもしそうしたものが現われてくるならば，それは内向性の方向で群を見る人より，外向性の方向で群を見る人たちの間から生まれてくるだろうと信じています．

　群が自然の中で生まれてくるのは，ものを回転させようとするときや，変換や，置換です．抽象的な述べ方をするときには，群を乗法演算が与えられている内部構造として考えます——それは非常に内向的な視点を与えることになります．もしこの内向的な視点だけに立つとすれば，そこで用いる数学的なテクニックは限られたものになってしまいます．しかし群を，外の世界から明示されているはたらきとして見るならば，外の世界全体があなたに力を貸すことになるでしょう．そして一層多くのしっかりした理解をもつことになるか，あるいはもたなければならないことになるでしょう．私のアイディア，私の夢は，

群は変換群としての自然な背景の中で生まれたものであり，そしてこのことから群の構造は明らかにされていくという考えにしたがって，群についてのさまざまな深い定理を証明していくことです．

　また私は，この有限単純群の分類という結果全体が，本当に重要なものだといってよいものかどうかも，実はまったくわからないのです．ある人たちは，数学でもっとも重要なことは，公理 1，2，3，… と並べられた公理系をつくることだというでしょう．そこで対象となるのは，群や空間などです．そのとき問題となるのは，このようなものをすべて分類してみようとすることに向けられます．私自身はその視点は必ずしも正しいものではないと思っています．私たちが到達する目標として目指すべきものは，これらのもののもつ性質をよく理解し，それを用いることにあります．分類は，単に理論全体の枠組みを私たちに示してくれるにすぎません．

　しかしたとえば，リー群の分類だけは少し特殊なものとなっています．ここでは古典群と例外群のリストを見ることができます．実際の目的には，おもに古典群の方が登場してきます．例外リー群は，理論全体が少し広がってきたことを示すために，そこにおかれています．しかしそれらが実際どこかに現われてくるようなことは，むしろまれなことです．リー群の理論も，もし分類が途徹もないほど複雑なものであり，そしてそこに無限に多くの例外群が現われたりしていたら，いまのようにいろいろな場所に現われてくることはなかったでしょう．

　そのようなことから，単純群にはどれだけ違うタイプがあるか，ないかを知っても，数学に大きな変化がもたらされることはないと思っています．それは知的活動のひとつの到達点ではありますが，基本的な重要性はもっていないと考えています．

　——しかしもし分類するにあたって，外に向かって視線を向けているような別の方法があったとすれば，そこからより多くのインパクトは得られるでしょうか？

　それはほかのやり方でも証明ができたということで，人々に衝撃を与えることにはなるでしょう．しかし私は，そうした結果が，基本的な重要性をもたら

してくれるものとは考えません．それはたとえば，群の表現論と比べられるようなものではないでしょう．

　分類に視線を向ける方向を，大きく誇張して取り上げてみることもできます．それはしばらくの間は，その理論の焦点のようになって，よい問題の提起や挑戦へと，目を向けさせることになるでしょう．しかしそれでも分類に向かうにはなお多くの努力を要することがわかってくると，本当にそれがよい道であったかどうか疑わしいものになってきます．そのときはまた新しい道を探し求めていくことになります．そのこと自体は，十分興味のあることでもあり，またその過程で，その仕事に対して新しいアイディアや新しい方法が得られるかもしれません．その結果を見て，それがよいものならば，この長い複雑な証明への道筋が少し見えてきたことになり，分類に向かってさらに一層よい証明法を目指していくことになるでしょう．このような探求の方法は，有用なものかもしれません．しかしこの有用さは，新しい証明を得たということよりは，新しいアイディアを得たというところからやってくるものです．

　ジョージ・マッキーは，以前私に向かって，私が考えていることは本当に正しいことだといってくれました．数学のある領域の中では，重要なことだけれど，それは技術的には難しいところ——証明の最大の難所——をもっていないということがよくあります．それは時折り，まったく初等的なこととして現われてきます．それはひとつの分野とほかの領域とが，もっとも幅広い相互作用——もっとも幅広いインパクト——を起こすところに現われてきます．

　群論については，驚くほど重要なことが多くあり，それは数学のいたるところで，多様なはたらきをしています．これはもっとも基本的な事柄に向けられていることが多いのです：群の基本概念についてや，準同型についてや，表現についてです．一般的な概念や，そのはたらきとして示される一般的テクニック——それらは，実際数学にとってもっとも重要なものとなっているのです．

　同じことは解析学についてもいえます．フーリエ級数がどのような条件の下で収束するかを正確に示すには，非常に細かな点がいくつかあります．この条件の示しているものは，技巧的には非常に興味のあるものです．しかしフーリエ解析を実際使うことのない数学者にとっては，それは何の重要性もないものです．もちろんその専門分野の数学者は，技術的に難しい問題に，とりこにさ

れてしまうものです．しかし数学者全体という見方に立てば，それに感心することはあっても，その結果が用いられるということはないのです．

——あなたがもっとも尊敬しておられる数学者は誰ですか？

　ええ，それはすぐ答えられます．私がもっとも尊敬している人はヘルマン・ワイルです．私がいままで数学をし続けてきましたが，そのほとんどすべての場所で，ヘルマン・ワイルがそこに最初に立っていました．私が研究した分野のほとんどすべてのところで，ワイルは研究を残しており，そこは彼自身がパイオニアとして非常に深い仕事をしてきたところでした——ただしトポロジーだけは，もちろん彼のあとでやってきたもので例外です．彼は群論，表現論，微分方程式，微分方程式のスペクトル理論，微分幾何学，理論物理学に興味をもっていました．私がしてきたことのほとんどすべてのことには，どこかで彼の研究と関わりがあり，その中の真髄として含まれています．私は，彼が数学について心の中で考えていたこと，また興味をもったことに，まったく同感しています．

　私はアムステルダムの国際数学者会議で，彼の講演を聞きました．彼はそこでセールと小平にフィールズ賞を授与しました．それから私はプリンストンの研究所へ行きましたが，彼はそのときすでにチューリッヒに戻っており，そこで亡くなりました．私はプリンストンでは彼に一度も会うことはなかったのです．私が彼を見たのは，ただ一度だけでした．そのため私が彼に直接会って，感謝の気持を述べるような，個人的な機会をもつことはできませんでした．

　多くの歳月の間，私はいろいろな研究課題に取り組んでいましたが，そこにはいつもそのうしろに誰かを見ていました．そう，それはもちろんヘルマン・ワイルその人だったのです．私は，私の重力の中心は，ヘルマン・ワイルと同じ場所にあると感じています．ヒルベルトは，より一層代数的でした．私は，ヒルベルトがワイルと同じような幾何学的な洞察力をもっていたとは思っていません．フォン・ノイマンは一層解析的で，そして応用数学の方でより多くの仕事をしました．私は，ヘルマン・ワイルこそ，数理哲学と数学の興味について，もっとも私と歩みをともにした人であったと思っています．

個人的な歴史

"Personal History"
2003 年

1. はじめに

　私はここで私がおもにどんな研究を行なってきたかについての個人的な説明と，そのとき私と共同研究を行なっていたおもな人たち，フリードリヒ（フリッツ）・ヒルツェブルフ，ラウル・ボット，イサドール（イズ）・シンガー*が，その研究にどのように関わり貢献したかについて書くように頼まれました．これは楽しいが，しかし難しい仕事となりました．

　多くの歳月にわたる数学の共同作業は，それに関わる人たちの生き方に関わるものであり，共同作業をするパートナーの人たちがそれぞれどのように貢献されたかをときほぐして示してみせることなど難しいことであり，実際不可能なことです．私は長年にわたり，私の友人たちのもつテクニックとスタイルを吸収してきて，私の知的努力がそこに融合していくように努めてきました．もちろん私たちは，異なる専門的知識と異なる学問的背景をもっていました．それが共同作業を稔りあるものにするものでした．しかしやがて私たちは同じ方向に視線を向けるようになり，私たちの共通の関心から生まれてきたものに向

---

* ヒルツェブルフ，ボット，シンガー　　以下ではこの3人の数学者は，フリッツ（Fritz），ラウル（Raoul），イズ（Iz）とよばれている．

けて，確かな展望をもつことができるようになってきました．

　記憶とは困ったもので，あまり信頼もできないし，また選り好みもするようです．私たちは自分自身のアイディアは誇張しがちですが，一方ではほかの人のアイディアは忘れがちとなるか，あるいは間違ってとってしまうような傾向があるようです．私は，前もってこのようなことで間違いをおかすことがあるかもしれないということを弁明しておきます．そしてそのことが，私がこの論説の標題として「個人的な歴史」を選んだ理由となっています．

　私は，ほかのいろいろなところで同じようなことを述べてきました．興味のある読者は，それらは私の全集のそれぞれの巻の最初に見出せますし，あるいは私が，私の共同研究者の誕生日にあたって，私が捧げた文章の中にも見出せます．

　数学者やひとりで考えている人たちの中には，自身の中にこもって平穏に仕事をしたいと思う人たちもおられるでしょう．しかし私はそのような人たちと違って，数学的議論や討論の中でのいきいきとしたやりとりが好きで，多くの時間を私はこのことに充ててきました．幸いなことに，このような相互に影響し合うような中で育てられてきた私のライフスタイルに対して，私には恵まれた時が与えられていました．全世界からの第一級の数学者たちと出会い，議論できるような最高の機会は，プリンストンの高等研究所や，ボンにおける毎年の研究集会のあとで与えられていたのです．おまけに私は，現代の航空機による空の旅がスタートしたことで，新しく生まれてきた数学の風景を見ることにもなったのです．前の世代の人たちは，旅行することも，共同で研究することもいまのようにはできませんでした．共同研究は限られた地域で行なわれるか，あるいは手紙のやりとりをするかでした．もちろんいまの世代はeメールで共同研究しており，やがてこれは研究活動のまったく新しい型を生み出していくのかもしれません．

　私はまた，私の研究の上に深い影響を与えたふたつの大きな変革の時代に生きてきたことも幸せでした．最初のものは1950年代に代数幾何学とトポロジーに新しいテクニックが導入されてきたことです．すなわち層の理論，ファイバーバンドル，特性類，スペクトル系列などです．この革命は，20年間にわたる私の仕事の方向を決定づけることになりました．第二の革命は，場の量子

論の幾何学への影響でした．これは過去 20 年間強い影響を与え続け，それはいまもなお揺れ続けています．これらふたつの革命は，私の人生の異なる段階で起きたので，それに向かう私の役割は少し違っていました．最初の革命が起きた 1950 年代は，私はまだ若く，まさに出発のときであり，私はそこに十分入りこんでいくことができました．1960 年代，私は中年となり，経験は広がりましたが，一方，時間に余裕がなくなってきて，私自身のエネルギーにもかげりが見え出してきました．したがってこの第二の革命における私の役割は，若い世代に一層影響力を強めていくことと，数学者と物理学者との対話を助けることに向けられてきました．

私とフリッツ，ラウル，イズとの共著として発表された論文の数は，それぞれ 9, 13, 16 であり，1959 年からはじまり，1984 年まで続いています．この間の 25 年は私の人生の中でのもっとも生産的な歳月で，その中でもこれらの共同研究がその核心をつくっています．ひとつひとつの論文の中で，私たちのバックグラウンドとなっているものは多少異なっていました．それぞれのエキスパートと一緒にはたらくことによって，私は考えられるもっとも最善の方法で専門的な知識を見出すことができ，それが私には大変役に立ったのです．

フリッツは，私たちの共同研究と，また彼が組織した研究集会に私が何年間も定期的に出席して得たものを通して，私に影響を与えてくれました．フリッツはリー群と特性類についてのエキスパートであり，また公式に精通していて，加えて彼は講義と著述に特別な明晰さを示していました．私はフリッツのセミナーで，彼が十分注意深くセミナーを進めたあとで，そのクライマックスを，彼が偉大な万能薬のような構想をもって終わらせるようなときには，いつも感嘆していました．彼はマジシャンでした．そして私が別のところで述べたこともあるように「兎は，もしあらかじめそこにおかれていなければ，帽子の中から出てくることはない」といわんばかりの妙技を見せてくれるのでした．私は研究をはじめたときフリッツと出会いましたが，私はそのときはまだ順応性のある年頃であり，私は彼をモデルとして見習うことができました．私はフリッツから，年上の人とも若い人とも自由にうちとけて議論する仕方を学ぶことができました．フリッツの数学への志向は広く豊かであり，そして彼のセミナーは，つねにその時々の大きな出来事にしたがって動いていきました．この

ことは，私自身と，ひとつの世代の数学者たちの視野を広げていくことに，大きなはたらきとなりました．

ラウルと私との共同研究は，何年間にもわたり，また多くのテーマを蔽ってきました．しばらくして私たちは，ふたりが出会ったときは，いつも新しい共同研究をするチャンスにめぐり合ったとお互いが思うようになっていました．ラウルの背景にあったのは，本質的には微分幾何学とトポロジーでした．そしてこれは，私の研究の背景が代数幾何学の方に向いていたので，ちょうどそれを補足してくれるような状況をつくってくれました．私は，彼からモース理論と周期定理を学びました．私にとって貴重だったことは，私は彼から，数学の講義や論文では，聴衆や読者が求めているものは，まずやってみようという気持を引き起こさせるような単純さと明晰さであるいるということを学んだことです．セミナーの席では，ラウルは時には聴講している人たちのことを思って，講師の話のスピードを落とすために，よくわからない人にかわって，基礎的な質問をするようなこともありました．聴衆を挫けさせないように，むしろゆっくりと話して理解させるようなラウルのやり方を私は学ぼうと努めました．私が円熟してきたとき，彼のスタイルの長所が私にも十分わかるようになってきました．私はまた，若い学生たちに向けた，親しみやすく，また時には励ますような彼の態度をすばらしいものだと思うようになりました．ラウルが恵まれた才能をもつ多くの学生たちを惹きつけ，彼らがラウルの指導のもとで才能を開花させたのは，偶然ではないのです．

私は別のところで，1962年にイズがオックスフォードを訪問したとき，それが私とイズとの最初の出会いとなったことを書いたことがあります．それはイズとの長年にわたる共同研究へ導いていく運命的な出会いとなりました．イズは私のほかの共同研究者と違って，解析学者でした．私は彼からフーリエ変換や，ヒルベルト空間や，量子力学について学びました．私が指数定理に関わっていたとき，彼以上のパートナーなど見つけることはできなかったでしょう．その後，彼の物理学者たちとのつながりは，私の物理学と幾何学との新しい関わり合いへの研究の幕開けのひとつとなるものでした．それは私に第二の革命を告げるものでした．私が若いときには，解析学は私のウィークポイントでしたが，イズとの共同作業は，本質的に私の解析学に向けての教育を完成さ

せる第二のチャンスとなりました．私はまた，イズが単に解析学者であったというだけではなく，より広いところに関心をもっていることも知りました．彼は自身のもつイメージを明らかにするのに，難しい用語などを用いずに私に説明することができたのです．

　私はまた多くのほかの人たちからも影響を受けたことを感謝しなくてはなりません．その中には私の学生たち（シーガル，ヒッチン，ドナルドソン，…），物理学者たち（ウィッテン，ペンローズ，…），解析学者たち（ヘルマンダー，ゴールディング，ビスミュート，…）が含まれています．また代数幾何学がまさにスタートした非常に早い時期には，私はセールから学ぶことができたことは幸せでした．彼の関心の幅広さ，彼の論文に見られる味わいとエレガントさは，私の上に大きなインパクトを与えてくれました．

2. K 理 論

　K理論が誕生するにあたっては，1950年代後半でのフリッツのところでの研究集会が大きな力となりました．そこで私は，グロタンディークが，代数多様体のK理論と，ヒルツェブルフ-リーマン-ロッホの定理の彼による一般化を詳しく述べるのを聞きました．古典群におけるボットの周期定理も，その頃の大ニュースでした．思い起こしてみると，その頃ヒルツェブルフと私は，いろいろなところに関連する代数幾何学とトポロジーに興味をもっていましたが，あるいはこのふたつを結びつけて，位相K理論をつくることは自然なことではないかと考えていたのかもしれません．実際このようなモチベーションを育てることが必要となってきていました．第三の重要な要素がありました．それはこのような新しい理論を用いることができるようになれば，ある問題の証明が可能となるのではないかということでした．このことはスタンテッド射影空間（stunted projective space）を研究していたヨアン・ジェームズ（そのときはケンブリッジにおける私の同僚）から伝えられました．それを聞いて私は公式をいろいろ試みているうちに，私はホモトピー論に関するジェームズの問題について，もっとよい結果が得られることを見出しました．このことは，適当な理論の枠組を求めるようにまずスタートを切ってそれから展開して

個人的な歴史　167

いくことは，きっとよい方向へ進むことになるだろうと思わせました．

この過程の中での計算の多くは，特性類の計算でした．フリッツはこの方面でのエキスパートでしたから，彼の助けを借りることはごく自然なことに思われました．ここからすべてが順調に滑り出しました．そしてやがてほかにも応用できるような大きなプログラムへと乗り出していくことになりました．ここでもっとも強調しなければならないことは，私たちはすでにこの時点で，重要な応用が目の前にあるということを知っていたということです．これらのあるものは，ジェームズの問題のように，標準的な代数的トポロジーに関するものでしたが，一方ではヒルツェブルフ以前の特性類についての仕事，すなわちトッド類の可除性にも関係していました．

私は以前，トポロジーにおける K 理論の成功を，生化学とのアナロジーを通して述べたことがあります．化学では，分子は適当な方法で原子から構成されていますが，生化学に出てくるような分子に対しては，それをアミノ酸のような一層大きな分子を構成要素として理解することが一番よいのです．トポロジーでの標準的な手法は，ホモトピー群によって空間の性質を記述することですが，K 理論では，古典群に現われるようなもっと大きな積木を使います．私はこのアナロジーが，ホモトピー理論の世界的な第一人者フランク・アダムズにも面白く感じられたらしいと知って，興味を覚えました．

3. 指数定理

ヒルツェブルフ - リーマン - ロッホの定理では，代数的多様体上のベクトルバンドルの正則なオイラー標数は，チャーン類 (Chern class) のトッド多項式 (Todd polynomynal) として表わされました．そしてこのことから，この場合とくにトッド多項式は整係数となることが示されました（トッド多項式自身は有理係数ですから，これが整除定理とよばれるものになるのです）．形式的な操作で，フリッツは，スピン多様体に対しても，対応する不変量（ポントリャーギン類の $\hat{A}$ 多項式）はやはり整数となることを示しました．K 理論についての私たちの仕事は，K 理論の言葉で，これらが整数になることのエレガントな解釈を与えましたが，このときこれがふたつの整数の差として表わさ

れることについての，一層解析的な解釈がないだろうかということが，自然に問われることになってきたのです．

　私がこの問題に取り組んでいるまさにそのとき，シンガーがオックスフォードへ戻ってきました．彼の助けで，私はディラック作用素を再発見しました．それは私たちの問題の解決に向けての，明らかな候補となると知ったのです．すなわちその指数は，神秘的な $\widehat{A}$ 多項式となるべきものなのです．2, 30 年たって，物理学者たちと幾何学者たちとが，相互に論じ合うようになってから，私たちがどうしてそこにもっと早く，もっと直接的に到着しなかったのかが，信じ難いようにも思えてきました．その理由としては，まずこの分野では，物理学と数学とがずっと離れた場所にありました．次に物理学者が扱っていたのは，ミンコフスキ空間であって，リーマン多様体ではありませんでした．そのため私たちなら気づいたかもしれないような関係も，まったく形式的なものに見えていたのかもしれません．実際，ホッジの一学生として，私はさらに一層多くの有益なことを知っていました．それは，調和形式のホッジ理論は，その多くの応用を代数幾何学の中に見出していましたが，それは明らかにマックスウェルの理論とその拡張に基づいていたということです．ここでは一層驚くべきことに思えるのですが，ホッジとディラックは，ふたりとも同じ時期にケンブリッジの数学教室の教授で，お互いによく知っていました．それでも，ホッジは決してディラック作用素を幾何学に用いるということはしなかったのです．困難なところは，もちろんスピノル（spinor）の神秘的な性格にありました．微分形式とは違って，それは容易に幾何学的な解釈を許しませんでした．この世紀の終わりとなったいまでさえ，またサイバークとウィッテンによるスピノルを含む最近の深くはなばなしい展開の中でさえ，私たちはなお，基本的な意味においては，闇の中におかれているのです．幾何学において，スピノルとは何なのか？　そしてそれらはなぜ重要なのか？

　いま私たちが，ディラック作用素を再発見することになったのは，私たちがそれに対して指数定理を示したことによるものでした．私たちにとって幸運だったことは，たまたまスティーヴ・スメールが，オックスフォードへ立ち寄ったことでした．彼は私たちに，ゲルファントの論文があることを伝えてくれました．その論文には，一般の楕円型作用素の指数を計算する一般的な問題が提

起されていました．その上，多くの解析学者たちが，擬微分作用素の新しいアイディアを用いて，その問題に取り組んでいました．明らかに，解析学者たちは，私たちの反対側からスタートを切っていたのです．彼らは解析的なテクニックはもっていましたが，彼らが目指している位相的な定式化とはどんなものかについては，知っていませんでした．私たちは，すでにディラック作用素について，その答えをもっていました．そしてK理論によって，それに適する位相的な方法ももっていました．外から見れば，解析よりもトポロジーの方に，一層複雑さがあると見えたかもしれませんが，シンガーと私は，順を追って必要なテクニックを学ぶことができました．そして一般の指数定理を得たのです．この段階で，私たちがルイス・ニーレンバーグとラルス・ヘルマンダーとの結びつきが得られたことは最大の助けとなりました．

指数定理には，幾何学と解析学において，リーマンにまで遡る長い歴史がありますが，まだ未来もあり，そして指数定理からいろいろ派生することは，20年間私を多忙にさせてきました．しかしいまはほかの人にバトンを手渡しました．以下ではこれらの展開のいくつかを述べてみることにしましょう．

4. K理論と指数定理との相互作用

グロタンディークの理論では，すべてが代数幾何学の言葉となっています．層，ベクトルバンドル，コホモロジー，サイクル．それと対照的に指数定理では，ふたつの異なる分野，トポロジーと解析学を取り扱わなければならないように見えます．そしてこれらをすべて一緒にまとめるようなことは非常に難しい仕事です．よりよく理解しようとすると，グロタンディークのパラダイムが，つねに挑戦を迫ってきます．私たちは，（グロタンディークの層を用いるものと類似な）ホモロジーK理論を定義して，多様体の間のひとつの写像に対するグロタンディーク-リーマン-ロッホの定理を一般化するようなことができるのでしょうか？ そして指数定理を，写像が1点に向けてのときに帰着させることができるのでしょうか？

この研究は，私たちを多くの方向へと導かせることになりました．まず作用素族に対する指数定理を，ファイバー写像のときに取り扱いました．Kホモ

ロジー理論の解析的定義については，私がまず最初の解釈を与え，続いてそれはブラウンとダグラスとフィルモアによって，さらに一般的な立場ではカスパロフによって取り上げられました．これは非可換なC^*環に対しても使える，非常に自然なエレガントなものでした．

多少違う方向でしたが，私はシンガーから，II 型のフォン・ノイマン環と，その独特な実次元について学びました．これが実際使えるような例は，コンパクト多様体の無限被覆に対してです．均質空間に適用すると，これは2乗可積分な調和スピノルの存在について自明でない結果を与えています．そしてそれはさらに，半単純リー群の離散表現に関するハリシュ・チャンドラの理論とも結びついてきます．このことは，私が多くのことを学んだウィルフリード・シュミットとの共同研究へと私を導くことになりました．

この多くはいまでははるかに広い，アラン・コンヌの非可換幾何学のプログラムの一部として包括されています．

K 理論と指数定理の入り組んだ関係を理解しようとする試みは，多くのほかの結果を生むことになりました．境界値問題に対する指数定理を理解しようとする過程で，ボットと私は，周期定理の新しいかんたんな証明へと導かれました．さらにこの考えにしたがって，周期定理の別証明がいくつか得られました．ひとつの特別な形で述べると，定理それ自身さえその定式化の中にほとんど埋もれてしまって，そこには何の結果もない（！）ように見えるものもあります．（実数の場合の）クリフォード代数に基づくほかの述べ方では，シンガーと私は，ヒルベルト空間の作用素を用いるアイディアで，ひとつの証明を導きました．

この全体の物語には，まだもうひとつしめくくりとなるようなことがあります．実微分作用素をどのように理解しようかと思っていたとき，シンガーと私は，新しい K 理論——KR 理論と記されますが——を見出したのです．それは対合（involution）をもつ空間に適用され，そこで十分有効にはたらくことがわかりました．

5. 不動点定理

　指数定理のもっとも重要な洗練された形は，楕円型作用素に対するレフシェッツの不動点定理でした．これはふたつのモデルから生まれました．ひとつは孤立不動点に関するもので，ボットと共著のふたつの論文があります．これは，1964年のウッズホールの学会で，私たちの注意を惹いた志村五郎の予想から生まれたものでした．楕円曲線の局所的な性質についてのエキスパートの人たちと議論になったのですが，私たちはやがて一般公式が成り立つという確信を摑みました．とくにそれは，この公式がコンパクト・リー群における有名なヘルマン・ワイルの指標公式を含んでいると，私たちが知ったときからでした．証明を見出すことはそれほど難しいことではなかったのですが，私たちが最初に取り組んだときには，楕円型作用素のゼータ関数について学んでいたことも含まれていました．これはこのあと広く使われるようになってきたのです．

　不動点公式の第二のモデルは，任意次元の不動点集合に関連するものでしたが，しかしそれはコンパクト・リー群が作用する場合と限られていました．これは恒等写像の場合も含んでいましたから，定理自身がすでに指数定理を含んだ形になっており，私たちは，コンパクト群の作用があるときにも，そこに適合するような指数定理の証明の述べ方を求めていかなくてはなりませんでした．そのため私たちは，同変K理論とその局所的な性質を用いなければならなかったのです．これらは，私の学生であったグレアム・シーガルの学位論文の中で得られました．

　不動点定理は，スピン多様体上のディラック作用素に対してさらにひとつの驚くべき応用を見出しました．ヒルツェブルフと私は，このスピンの場合における，自明でない円周回転の作用は，種数，したがってまた$\hat{A}$種数が0となることを示したのです．かなりの歳月がたってから，これはウィッテンとほかの人たちの，驚くべきアイディアの出発点となりました．いまではそれは楕円コホモロジーとよばれています．

6. 熱方程式の方法

　私がプリンストンの高等研究所にいた1971～72年には，ラウル・ボットも私と一緒でしたが，私たちは優れた若いインド人，V・K・パトディを招きました．彼はリーマン幾何学と関連する中で，指数定理の注目すべき局所的な定式化を得ていました．これはゼータ関数を含む古くからのアイディアから生まれてきたものでしたが，さらにそれはシンガーとマッキーンによってはっきりとした形で取り出され，熱方程式の漸近展開と同値となるものでした．パトディの証明は，力勝負といってよいもので，それを理解することは難しいことでした．物理学者たちの間に，このようなことが浸透してきてから，パトディの考えは，実は本質的には超対称性を用いることと平行性があることが明らかになってきました．しかし1971年の時点では，このことはまだ先の話でした．ギルキーはこの問題に対して，代数的な方向から直接近づいていきましたが，それはある意味では，どうしてパトディの公式が成り立たなければならなかったのかを示すものとなりました．しかしギルキーの証明は複雑なものであり，私たちはその意味を探るために，熱心に取り組みました．ボット，パトディと私の共著の論文ができ上がりましたが，その証明は，ポントリャーギン形式のひとつの単純な特性化によるものでした．ある意味では，これはポントリャーギン類を，同境不変量として特性づけるもので，ルネ・トムの定理に，局所的なリーマン幾何的な解釈を与えたものと見ることができるものでした．

　リーマン幾何学から生まれてきた作用素に対する指数定理に向けての新しいアプローチは，物理学者たちにはその物理的意味が明らかなこともあって，非常によく知られたものになってきました．これはまたこれから述べることになる理論の深みへ向けての基礎となるものでした．

7. エータ不変量

　よい境界条件をみたす作用素に対する指数問題は解けてしまいましたが，これがたくさんの興味あるトポロジーの問題に応用されるということはありませんでした．とくに境界をもつ多様体の符号数は，解析学の対象になるようにも

見えませんでした．それでもヒルツェブルフによって，ヒルベルト・モジュラー面のカスプ特異点についての，彼自身の結果に関係するある特別の場合には，興味のある結果が得られていました．シンガーとパトディと私は，長い間，正しい理論の枠組みを求めて戦っていました．結局，境界条件として適当な種類のものが見出されました．それは2次元の場合，境界の円周に沿う関数は，正のフーリエ係数しかもたない，というものと似たものでした．指数定理の局所的な述べ方を用いることによって，この大域的な境界条件に対する指数定理を見出すことに成功したのです．この結果は，符号数作用素とディラック作用素に適用することができました．この新しさは，ゼータ関数の符号つきのひとつの表示から計算される，境界から生ずる補正項にありました．私たちはこれをエータと名づけました（数論とのアナロジーから，私たちはこれを，L関数と名づけたいと思っていたのですが，残念なことに，ヒルツェブルフがすでにこの文字を符号数公式に使っていたので，私たちは混乱を避けなければならなかったのです）．

カスプ特異点についてのヒルツェブルフの仕事は，私たちの新しい方向に向けての動機を与えてくれることになったのですが，これが同時によい応用例となったことは驚くにあたらないことでした．ギルキーとシンガーと私の共著の論文の中で，ヒルツェブルフによって提起された符号公式の，もっとも一般的な形を確立することができたのです．

残念なことに，パトディはこの共同研究のあと間もなく，若くして亡くなってしまいました．彼を失ったことは大きな痛手でした．

幾何学と物理学との間にあった垣根が取り払われてから，論文の中ではこのふたつは十分に融合して現われるようになり，物理学にとっては，これはごく自然な選択であったように見えてきました．それはビスミュートにより，いろいろな方向に向けて厳密に開発されていったのでした．

8. 双曲型方程式

私の微分方程式についての関心は，おもに楕円型方程式の周辺と，指数定理にありました．しかしラウル・ボットとラルス・ゴールディングと一緒になっ

て，双曲型方程式とも関わりをもつような，例外的な事態も起きてきました．ことのはじまりは，私たちみんなが，オックスフォードで一緒にいたとき，ラルスが，ラウルと私にペトロフスキの古い論文を説明してくれたときでした．この内容は，双曲型方程式のラキュナ（lacuna）——基本解が 0 となる領域——に関係するものでした．別の術語を使えば，それはホイヘンスの原理に関係するものでした．

基本解に対して，フーリエ変換で得られた明確な形は，特性多項式によって与えられた，複素代数多様体上の実サイクルの上のある積分として表わされています．ペトロフスキは，当時のなお初期段階にあった代数幾何学を使って（それは本質的にはレフシェッツに負うものでしたが），何とか美しい結果を導くことができました．それは解析学者たちに，大きな興味を呼び起こしたのです．しかしその証明を追ってみることは，大変難しいことでした．そしてラルスは，私たちがそのことを自分に説明してくれないものかと思っていました．

ラウルも私も，双曲型方程式については，ほとんど何も知りませんでした．一方，ラルスの方は，代数的多様体について，ただ基本的な事柄だけを把握していたにすぎませんでした．そのため私たちの共同研究は，相互の教育のために，長期にわたるセミナーからはじまりました．こうして一度基礎的な部分が仕上がってくると，次に私たちは，この問題に向けて現代の代数幾何が語りかけてくるものは何かを知らなければなりませんでした．たまたま私たちは，グロタンディークによって正しい結果を知ることになりました．そしてペトロフスキの結果を，何とかエレガントな現代風の形に書き直して，はたらかせるようにしたのです．

このあとラルスは野心的になってきました．そしてもっと多くのいろいろな方向へ，この結果を拡張していこうと主張しました．しかし，ラウルも私も，もうほとんど彼にはつき合いきれなくなっていました．それでもこの共同研究は，その後何年間も続きました．こんなに長く続いた理由は，私たち 3 人が，それぞれ別の国にいたからです．結局これは 3 つの長い論文となって，成果を上げました．私は最近，ラルスの 80 歳の誕生日を祝うルンド*における学会

---

* ルンド　スウェーデン南部の街．

に出席して，喜びを分かち合いました．

9. ヤン-ミルズ方程式

1976年頃から，私はずっと興奮したような状況で，理論物理に取りつかれました．最初，私たちのディラック作用素に対する指数定理に対する仕事は，量子場の理論において話題となっていたアノマリーに関する問題と，密接な結びつきがあることを知りました．このことから私は，物理学者と話し合ってみようと考えることになり，それと同時に量子場の理論についてのいくつかの基礎的なことも学びはじめました．これらについての情報と，そこからの刺激は，おもにシンガーを通して受けとりました．彼はまたヤン-ミルズ方程式とはどんなものかも私に教えてくれました．私はいまになっても，彼の話がどれほど私に興味を引き起こさせるようになったかということを，よく思い出します．どれほど彼が正しかったか！ 最終的には，それとは違った素材が，ロジャー・ペンローズと，彼のツイスター理論を議論している中から生まれてきました．

これらのことすべては，リチャード・ウォードが，ツイスター理論がどのように自己共役なヤン-ミルズ方程式に適用されるかを示したことで，まとまってきました．彼と一緒になって私は代数幾何学との結びつきをつくりました．もちろん，これはいまではインスタントンのADHM構成へとよばれるものに導かれていっています．

この頃のもっとも要となるような出来事は，私がMITを訪れたときにやってきました．私はここのローマン・ジャッキーヴのオフィスで，若いエドワード・ウィッテンに会ったのです．彼は，ハーバードでちょうど大学3年生でした．しかし私はすぐに彼が，古い世代の人たちよりも一層早く，私のいっていることをはっきりと摑んでいることを知りました．私は強い印象を受け，このあとすぐに彼をオックスフォードへ招きました．このあとからのことは，いまはもう歴史となってしまいましたが，ウィッテンによって書かれた文章の中では，その当時の日々の驚くような興奮が綴られています．

私が，ウィッテンとほかの物理学者たちがしていることを追っていて，また

その一方ではこれを数学社会へのメッセージとして広めようとしているときには，私自身による貢献はむしろ少なかったのです．私はナイジェル・ヒッチンと共同で磁気モノポールについての仕事をしたあと，サイモン・ドナルドソンが彗星のような人生に乗り出していくことに力を貸すことになりました．私の時間の多くは，一層オーソドックスな数学者たちに向かって，物理学者たちと語り合うことを拒むべきではない，そうしないと彼らの仕事の中で，数学は悪い形で定義され，不正確なものになるからと，説得することに使われました．ブルバキ（私は十分尊敬していますが）の遺産はいまとなっては邪魔になっていたのです．

10. リーマン面上のバンドル

ヤン‐ミルズ方程式に向けて私が活躍している間，ラウル・ボットは，オックスフォードである期間を過ごすためにやってきました．彼は，代数曲線上のベクトルバンドルのモジュライ空間についての仕事をしていました．それは私が最初に書いた論文の中で，ひとつのテーマとなっていたものでした．当然のことながら私たちは話し合いをはじめましたが，突然私たちの上に，2次元の場合のヤン‐ミルズ方程式が——それはある意味ではつまらないものですが——，なおよい役割を果たすということが閃めきました．このことが，もちろん私たちのリーマン面上のヤン‐ミルズ方程式についての大きな論文を生むことになりました．これはある意味では，（リー群上のループ空間に関する）ラウルのモース理論についての大きな仕事と，曲線上のバンドルについての私自身の古い興味とが結びついたものでした．私たちは，これらの新しい方法によって，モジュライ空間のコホモロジーについてのハーダーとナラシマンの結果（彼らの証明は，有限体とヴェイユ予想を強引に使うものでした）に乗り越えでいくことができました．

私たちの仕事の中には，要となるようなふたつの技術的なアイディアが使われていました．ひとつは同変コホモロジー（これについてはラウルがよく知っていました）を使うことであり，もうひとつは関数空間の状況の中で，モーメント写像が現われることでした．これらの双方とも，以後，ほかの関連する問

題でもよく使われるようになりました．これらのいくつかについては以下で述べることにします．

11. 同変コホモロジー

ラウルと私とが，ウィッテンのいくつかの論文の中のひとつを理解しようとしている中で，私たちふたりが共同研究するようなもうひとつのテーマが現われてきました．ウィッテンはこの論文の中で，円周回転のベクトル場の内部積を外微分に加えることによって，新しい作用素を導入していました．私たちはこのウィッテン作用素は，本質的にはド・ラーム作用素の同変作用素としての表わし方であることを示しました．このことはウィッテンの，定常状態における相近似に基づく議論と，不動点における局所化についての私たちのアイディアとを結びつけさせることを可能にしました．私たちはまた定常状態における近似の正しい状況を説明することで，デュイステルマート - ヘックマンの公式 (Duistermaat-Heckman formula) への，私たちの近づき方も述べることができるようになりました．

この論文は，本質的には解説的なものといってよいものでしたが，同変コホモロジーを用いる幾何学者たちの言葉と，超対称性を用いる物理学者たちの言葉のギャップを埋めるのに役立ちました．これ以後，超対称性が，それに見合うような数学的な技法の導入を捉しているという見方が生まれてきて，いま何が行なわれているのかを，私たち自身の言葉で理解するために格闘していくことになったのです．

12. 位相的場の量子論

物理学者たちと数学者たちが動き回る中にあって，概念についての私の仲介的な能力の中で，私は位相的量子場の概念についてのひとつの舞台を凝視していました．ウィッテンが説明してくれたように，これらは標準的な理論が，よじれた形で現われてきたものであり，標準的な方法だけで推し進めていくことができるだろうということでした．このような方法の中で，ジョーンズ多項式

を使おうとする彼の解釈は，目の醒めるようなものでした．これはスウォンジー*のアニーズレストランの夕食の席で生まれました．この出来事から10年たった記念日には，私はそのレストランで，大学のお偉方が並ぶ前で記念の額の除幕をしました！

　数学者たちはファインマン積分には驚かされましたし，物理学者たちが使ういろいろな専門語も，そんなによく知ってもいませんでした．そこで私は，位相的場の量子論とは実際どんなものかを，もっと使いやすく親しみやすい言葉で，説明しておいた方がよいように思いました．私は単純な公理論的な取扱いをしてみました（それは数学者たちの好みに合うものです）．そして物理学から生ずる例を書き上げてみました．こうすることによって，数学者のすべき仕事は，どんな可能な方法を使ってもよいのですが，この公理をみたすひとつの理論をつくることにかかってきます．私はこれは，コホモロジーにおける，アイレンバーグ-スティーンロッドの公理系（Eilenberg-Steenrod axioms）と似たものであると思いたいのです．そこでは私たちは，単体，チェック（Čech），ド・ラーム（de Rahm）のどの方法を使っても理論を構成していくことができます．この最後のド・ラームの方法は，もっとも物理学に近いものですが，ほかのものにも利点はあります．場の量子論がますます難解になっていく中にあって，組合わせ的な近づき方が実際そのはたらきを示したのは，今まではたったひとつ，ジョーンズ多項式についてのものだけでした．

＊　スウォンジー　　英国・ウェールズ南部の港街．

人名索引

ア 行

アインシュタイン　6, 35, 87, 119, 122　　　（Albert Einstein, 1879-1955）
アダマール　88　　　　　　　　　　　　　（Jacques Hadamard, 1865-1963）
アダムズ　167　　　　　　　　　　　　　　（John Adams, 1930-1989）
アーノルド　110　　　　　　　　　　　　　（Vladimir Arnold, 1937-2010）
アーベル　104　　　　　　　　　　　　　　（Niels Abel, 1802-1829）
アラケロフ　128　　　　　　　　　　　　　（Suren Arakelov, 1947- ）
アルキメデス　69　　　　　　　　　　　　（Archimedes, 287 BC-212 BC）
ウィッテン　14, 15, 118, 125, 166, 168, 175, 177　（Edward Witten, 1951- ）
ウィトゲンシュタイン　9　　　　　　　　　（Ludwig Wittgenstein, 1889-1951）
ウォード　157, 175　　　　　　　　　　　　（Richard Ward, 1951- ）
オイラー　91, 126　　　　　　　　　　　　（Leonhard Euler, 1707-1783）

カ 行

ガウス　126　　　　　　　　　　　　　　　（Carl Friedrich Gauss, 1777-1855）
カスパロフ　117, 170　　　　　　　　　　　（Gennadi Kasparov, 1948- ）
ガリレオ　10　　　　　　　　　　　　　　（Galileo Galilei, 1564-1642）
カルタン，アンリ　116　　　　　　　　　　（Henri Cartan, 1904-2008）
カルタン，エリ　119　　　　　　　　　　　（Élie Cartan, 1869-1951）
ガロア　73, 107　　　　　　　　　　　　　（Évariste Galois, 1811-1832）
カント　2, 5　　　　　　　　　　　　　　（Immanuel Kant, 1724-1804）
ギルキー　172　　　　　　　　　　　　　　（Peter Gilkey, 1946- ）
キレン　117　　　　　　　　　　　　　　　（Daniel Quillen, 1940- ）
クライン　118　　　　　　　　　　　　　　（Felix Klein, 1849-1925）
グラスマン　107　　　　　　　　　　　　　（Hermann Grassmann, 1809-1877）
グロタンディーク　116, 117, 135, 166, 169, 174
　　　　　　　　　　　　　　　　　　　　（Alexandre Grothendieck, 1928- ）
クロネッカー　8　　　　　　　　　　　　　（Leopold Kronecker, 1823-1891）
ケイリー　107　　　　　　　　　　　　　　（Arthur Cayley, 1821-1895）
ゲーテ　113　　　　　　　　　　　　　　　（Johann Wolfgang von Goethe, 1749-1832）

人名索引

ゲーデル　16　　　　　　　　　　　　　　(Kurt Gödel, 1906-1978)
ケプラー　11　　　　　　　　　　　(Johannes Kepler, 1571-1630)
ゲルファント　156, 168　　　　　　　(Israel Gelfand, 1913-2009)
小平邦彦　146　　　　　　　　　　　　　　　　　　(1915-1997)
ゴールディング　166, 173　　　　　　　　(Lars Gårding, 1919-)
コンヌ　8, 17, 118, 127, 170　　　　　　　(Alain Connes, 1947-)

サ 行

サイバーグ　125, 168　　　　　　　　　(Nathan Seiberg, 1956-)
サーストン　74, 128, 150　　　　　　(William Thurston, 1946-)
ジェームズ　135, 166　　　　　　　　　　　(Ioan James, 1928-)
シーガル　166, 171　　　　　　　　　　　(Graeme Segal, 1942-)
志村五郎　171　　　　　　　　　　　　　　　　　　　(1930-)
ジャッキーヴ　175　　　　　　　　　　　(Roman Jackiw, 1939-)
シュミット　170　　　　　　　　　　　(Wilfried Schmid, 1943-)
シュレディンガー　25　　　　　　(Erwin Schrödinger, 1887-1961)
ジョーンズ　123, 125　　　　　　　　　(Vaughan Jones, 1952-)
シラード　35　　　　　　　　　　　　(Leó Szilárd, 1898-1964)
シンガー　133, 140, 146, 156, 162, 168, 172, 173　(Isadore Singer, 1924-)
スペンサー　146　　　　　　　　　　(Donald Spencer, 1912-2001)
スメール　156, 168　　　　　　　　　　(Stephen Smale, 1930-)
セール　116, 146　　　　　　　　　　(Jean-Pierre Serre, 1926-)

タ 行

ダーウィン　6　　　　　　　　　　　(Charles Darwin, 1809-1882)
チューリング　52　　　　　　　　　　　(Alan Turing, 1912-1954)
テラー　36　　　　　　　　　　　　(Edward Teller, 1908-2003)
ディラック　14, 91, 168　　　　　　　　　(Paul Dirac, 1902-1984)
デカルト　2, 15, 109　　　　　　　　(René Descartes, 1596-1650)
ドナルドソン　74, 123, 125, 166, 176　　(Simon Donaldson, 1957-)
トム　172　　　　　　　　　　　　　　(René Thom, 1923-2002)
トンプソン　151　　　　　　　　　　(John G. Thompson, 1932-)

ナ 行

ナラシマン　176　　　(Mudumbai Seshachalu Narasimhan, 1932-)
ニュートン　14, 15, 69, 84, 98, 109, 110　　(Isaac Newton, 1643-1727)
ニーレンバーグ　169　　　　　　　　　(Louis Nirenberg, 1925-)

ハ　行

パイエルス　35, 38　　　　　　　　　　(Rudolf Peierls, 1907-1995)
ハイゼンベルク　14, 107　　　　　　　(Werner Heisenberg, 1901-1976)
ハーダー　176　　　　　　　　　　　　(Günter Harder, 1938-)
パトディ　172　　　　　　　　　　　　(Vijay Kumar Patodi, 1945-1976)
ハマースレイ　89　　　　　　　　　　(John Hammersley, 1920-2004)
ハミルトン　107, 121　　　　　　　　(William Rowan Hamilton, 1805-1865)
ハリシュ・チャンドラ　119, 170
　　　　　　　　　　　　　　　　　　(Harish Chandra Mehrotra, 1923-1983)
ハーン　35　　　　　　　　　　　　　(Otto Hahn, 1879-1968)
ビスミュート　166, 173　　　　　　　(Jean-Michel Bismut, 1948-)
ヒッチン　166, 176　　　　　　　　　(Nigel Hitchin, 1946-)
ヒューム　5　　　　　　　　　　　　(David Hume, 1711-1776)
ヒルツェブルフ　117, 119, 146, 156, 162, 171, 173
　　　　　　　　　　　　　　　　　　(Friedrich Hirzebruch, 1927-)
ヒルベルト　78, 110, 115, 116, 126, 161　　(David Hilbert, 1862-1943)
ファインマン　16　　　　　　　　　　(Richard Feynman, 1918-1988)
ファラデー　28　　　　　　　　　　　(Michael Faraday, 1791-1867)
フォン・ノイマン　52, 82, 107, 138, 161 (John von Neumann, 1903-1957)
ブラーエ　28　　　　　　　　　　　　(Tycho Brahe, 1546-1601)
プラトン　2, 7　　　　　　　　　　　(Platon, 427 BC-347 BC)
フリッシュ　35　　　　　　　　　　　(Otto Frisch, 1904-1979)
ブール　21　　　　　　　　　　　　　(George Boole, 1815-1864)
ブルバキ　110, 126　　　　　　　　　(Nicolas Bourbaki)
ヘヴィサイド　91　　　　　　　　　　(Oliver Heaviside, 1850-1925)
ベーコン　28　　　　　　　　　　　　(Francis Bacon, 1561-1626)
ペトロフスキ　174　　　　　　　　　(Ivan Petrovsky, 1901-1973)
ヘルマンダー　166, 169　　　　　　　(Lars Hörmander, 1931-)
ペンローズ　8, 17, 141, 157, 166, 175　(Roger Penrose, 1931-)
ポアンカレ　78, 88, 90, 104, 110, 116　(Henri Poincaré, 1854-1912)
ホッジ　122, 132, 168　　(William Vallance Douglas Hodge, 1903-1975)
ボット　146, 162, 173, 176　　　　　(Raoul Bott, 1923-2005)
ボレル　119　　　　　　　　　　　　(Armand Borel, 1923-2003)

マ　行

マッキー　160　　　　　　　　　　　(George Mackey, 1916-2006)
マッキーン　172　　　　　　　　　　(Henry Mckean, 1930-)
マックスウェル　14, 15, 16, 28, 108　(James Clerk Maxwell, 1831-1879)
ミルズ　175　　　　　　　　　　　　(Robert Mills, 1927-1999)
ミルナー　117　　　　　　　　　　　(John Milnor, 1931-)

ヤ　行

ヤン　175　　　　　　　　　　　　　　　(Chen Ning Yang, 1922-)

ラ　行

ライプニッツ　2, 69, 98, 109, 110　　　(Gottfried Leibniz, 1646-1716)
ラグランジュ　5, 17　　　　　　　　　(Joseph-Louis Lagrange, 1736-1813)
ラッセル　2　　　　　　　　　　　　　(Bertrand Russell, 1872-1970)
ラプラス　5　　　　　　　　　　　　　(Pierre-Simon Laplace, 1749-1827)
ラングランズ　119　　　　　　　　　　(Robert Langlands, 1936-)
リー　118　　　　　　　　　　　　　　(Sophus Lie, 1842-1899)
リーマン　87, 104, 108, 116　　　　　　(Bernhard Riemann, 1826-1866)
ルスティック　120　　　　　　　　　　(George Lusztig, 1946-)
ルレイ　70, 116　　　　　　　　　　　(Jean Leray, 1906-1998)
ロートブラット　36, 37　　　　　　　　(Joseph Rotblat, 1908-2005)

ワ　行

ワイエルシュトラス　104　　　　　　　(Karl Weierstrass, 1815-1897)
ワイル　78, 138, 147, 161, 171　　　　　(Hermann Weyl, 1885-1955)
ワイルズ　120, 128　　　　　　　　　　(Andrew Wiles, 1953-)

事項索引

ア 行

アイレンバーグ - スティーンロッドの公理系　178
アナロジー　13, 94, 118, 123
アラケロフの幾何学　128
アルゴリズム　54

位相空間　115
位相 K 理論　166
位相的場の量子論　177
一般化された関数　91
一般相対性理論　15, 23, 87, 122
イデアル　115
インスタントン　175

ヴェイユ予想　176

エキスパートシステム　51
エータ不変量　172
ADHM 構成　175
n 次元多様体　106
M 理論　125
遠隔作用　23

応用数学　2, 55, 80, 89, 142
オペレーションズ・リサーチ　81

カ 行

外積代数　107
カオス　108
化学兵器　39
可換　107, 117
核兵器　35
確率論　79
カスプ特異点　173
ガロア群　116
環境問題　34
関数解析学　137, 140
関数論　104

幾何学　111
キャンベラ会議　38
共同研究　95
局所　104
局所体　120
曲率　118
キラリティ　6
ギリシア数学　68

空間　112
クリフォード代数　170
グロタンディーク - リーマン - ロッホの定理　169
軍産複合体　42
群論　73, 79, 107, 158, 161

KR 理論　170
経験主義　5

形態発生学　81
ゲージ理論　141
K 理論　116, 135, 153, 167
原子爆弾　50
原子力　44
弦理論　14, 15, 118, 123

国際数学者会議　147, 161
古典力学　121
コホモロジー　169, 178
コンピュータサイエンス　21, 52, 64, 82

サ 行

サイクル　169
座標平面　109
作用素環　107
3 次元幾何学　128
3 次元多様体　128

視覚　3, 13, 111
時間　112
指数定理　117, 152, 165, 167, 169, 172, 173, 175
C^* 環　117, 170
自然哲学　3, 7
射影空間　135
重力　14, 22
証明　84
証明論　55
ジョーンズ多項式　178

事項索引

人口増加 34
シンプレクティック幾何学 121
シンプレクティック群 118

数理哲学 7, 161
数理物理学 17, 140
数理論理学 19, 56
数論 56
数論幾何学 128
図式 114
スピノル 170
スピン多様体 167
スペクトル系列 163
スペクトル理論 122, 161
ヒルベルトのシズジー 115

生物兵器 39
『生命とは何か』 26
ゼータ関数 171
『1984年』 50, 66
線形空間 106
線形代数 107
線形不変量 115

層 132, 163, 169
双曲型方程式 173
双曲幾何学 118
相対性理論 119
双対性 129
層のコホモロジー 116
ソフトウェア 53
ソリトン 79, 108
素粒子 122

タ 行

大域 104
ダイコトミー 18, 90, 109
代数学 56, 112

代数幾何学 19, 117, 128, 133, 135, 140, 157, 163, 165, 174
代数的トポロジー 167
大量破壊兵器 34, 39
楕円型作用素 168
楕円コホモロジー 171
楕円モジュラー関数 121
単体コホモロジー 178

チェック・コホモロジー 178
知覚 112
チャーン類 167
チューリング・マシン 54
超弦理論 23
調和形式 122, 168
直交群 118

ツイスター理論 175

低次元の幾何学 128
ディラック作用素 168, 173, 175
テニュア 144
デュイステルマート‐ヘックマンの公式 177
電磁気 14
『天体力学』 5

同境不変量 172
統計 81
同変コホモロジー 176
特性類 119, 163, 164, 167
トッド多項式 167
トッド類 167
トポロジー 70, 79, 104, 115, 132, 133, 135, 140, 163, 165
ド・ラーム・コホモロジー 178

ナ 行

二分法 18, 90, 109

熱方程式 172

ノーベル賞 148
ノンコンパクト・リー群 122

ハ 行

バイオテクノロジー 32
ハイゼンベルクの交換関係 107
パグウォッシュ会議 37
発散級数 91
ハードウェア 53
場の量子論 14, 123, 163, 175
汎関数 106

非可換 107, 109, 117, 127
非可換幾何学 118, 127, 170
スピノル 168
微積分 98, 109
非線形現象 108
微分幾何学 105, 119, 132, 161, 165
微分形式 107, 168
微分同相写像 124
微分方程式 105, 161
非ユークリッド幾何学 6
表現論 116, 119, 159, 161
ヒルツェブルフ‐リーマン‐ロッホの定理 166, 167
ヒルベルト空間 106, 122, 165, 170

ファイバーバンドル 163

ファインマン積分　178
『ファウスト』　113
フィールズ賞　148
フェルマの最終定理　71, 120
フォン・ノイマン環　170
複雑性理論　54
複素解析　104
複素幾何学　121
複素代数多様体　174
符号数作用素　173
物理学　14, 81
物理的実在　3
不動点定理　171
フーリエ積分　119
フーリエ変換　129, 165, 174
フロギストン　68

ベクトルバンドル　169

ホッジ理論　168
ボットの周期定理　166
ホモトピー論　166
ホモロジー K 理論　169
ホモロジー代数　116
ホモロジー理論　115

マ 行

マックスウェルの方程式　108, 121
マンハッタン計画　35

緑の運動　44
ミラー対称性　123, 125
ミンコフスキ空間　168

無限次元　124, 127
結び目の不変量　123, 125

モジュライ空間　124
モース理論　165, 176
モンスター群　120, 123

ヤ 行

ヤン-ミルズ方程式　108, 175

有限群の表現論　116, 120, 153
有限体　120
有限単純群の分類　120, 135, 158
ユークリッド幾何学　5, 27, 108, 118
ユニタリー群　118

4次元多様体　123
四元数　107
四色問題　59, 72

ラ 行

ラキュナ　174
ラングランズ・プログラム　119

リー群　118, 120, 122, 124, 164
離散数学　62
離散量　63
リーマン幾何学　121, 172
リーマン多様体　168
リーマン予想　93
リーマン-ロッホの定理　117, 156
量子群　123, 125
量子コホモロジー　125
量子力学　14, 16, 23, 25, 122, 141, 165

レフシェッツの不動点定理　171
連続群　118
連続性　79
連続量　63

ローレンツ群　122

編訳者略歴

志賀浩二（しがこうじ）

1930年　新潟市に生まれる
1955年　東京大学大学院数物系数学科修士課程修了
現　在　東京工業大学名誉教授，理学博士
著　書　『数学30講シリーズ』（全10巻），朝倉書店
　　　　『集合・位相・測度』，朝倉書店
　　　　『中高一貫数学コース』（全10巻），岩波書店
　　　　『大人のための数学』（全7巻），紀伊國屋書店
　　　　『数の大航海』，日本評論社
　　　　『無限からの光芒』，日本評論社
　　　　など多数

アティヤ　科学・数学論集
数学とは何か
　　　　　　　　　　　　　　　　　定価はカバーに表示

2010年11月25日　初版第1刷
2016年 6月25日　　　第4刷

　　　　　　　　　編訳者　志　賀　浩　二
　　　　　　　　　発行者　朝　倉　誠　造
　　　　　　　　　発行所　株式会社　朝　倉　書　店
　　　　　　　　　　　　東京都新宿区新小川町 6-29
　　　　　　　　　　　　郵便番号　162-8707
　　　　　　　　　　　　電　話　03(3260)0141
　　　　　　　　　　　　FAX　03(3260)0180
　　　　　　　　　　　　http://www.asakura.co.jp

〈検印省略〉

© 2010〈無断複写・転載を禁ず〉　　　　　中央印刷・渡辺製本

ISBN 978-4-254-10247-5　C 3040　　　Printed in Japan

JCOPY　〈(社)出版者著作権管理機構 委託出版物〉

本書の無断複写は著作権法上での例外を除き禁じられています．複写される場合は，
そのつど事前に，(社)出版者著作権管理機構（電話 03-3513-6969，FAX 03-3513-
6979，e-mail: info@jcopy.or.jp）の許諾を得てください．

好評の事典・辞典・ハンドブック

脳科学大事典	甘利俊一ほか 編	B5判 1032頁
視覚情報処理ハンドブック	日本視覚学会 編	B5判 676頁
形の科学百科事典	形の科学会 編	B5判 916頁
紙の文化事典	尾鍋史彦ほか 編	A5判 592頁
科学大博物館	橋本毅彦ほか 監訳	A5判 852頁
人間の許容限界事典	山崎昌廣ほか 編	B5判 1032頁
法則の辞典	山崎 昶 編著	A5判 504頁
オックスフォード科学辞典	山崎 昶 訳	B5判 936頁
カラー図説 理科の辞典	山崎 昶 編訳	A4変判 260頁
デザイン事典	日本デザイン学会 編	B5判 756頁
文化財科学の事典	馬淵久夫ほか 編	A5判 536頁
感情と思考の科学事典	北村英哉ほか 編	A5判 484頁
祭り・芸能・行事大辞典	小島美子ほか 監修	B5判 2228頁
言語の事典	中島平三 編	B5判 760頁
王朝文化辞典	山口明穂ほか 編	B5判 616頁
計量国語学事典	計量国語学会 編	A5判 448頁
現代心理学［理論］事典	中島義明 編	A5判 836頁
心理学総合事典	佐藤達也ほか 編	B5判 792頁
郷土史大辞典	歴史学会 編	B5判 1972頁
日本古代史事典	阿部 猛 編	A5判 768頁
日本中世史事典	阿部 猛ほか 編	A5判 920頁

価格・概要等は小社ホームページをご覧ください．